建筑设计基础教程

从 场 地 入 手 的

建筑快速设计策略

同济大学出版社

图书在版编目（CIP）数据

从场地入手的建筑快速设计策略 / 谷兰青，陈冉主编 . -- 上海 : 同济大学出版社，2020.7
建筑设计基础教程
ISBN 978-7-5608-8818-7

Ⅰ . ①从… Ⅱ . ①谷… ②陈… Ⅲ . ①场地－建筑设计－教材 Ⅳ . ① TU201

中国版本图书馆 CIP 数据核字 (2019) 第 255984 号

从场地入手的建筑快速设计策略

谷兰青 陈冉 主编

出 品 人 华春荣
责任编辑 由爱华
责任校对 徐春莲
装帧设计 吴雪颖
出版发行 同济大学出版社 www.tongjipress.com.cn
（地址：上海四平路 1239 号 邮编：200092 电话：021-65985622）
经 销 全国各地新华书店
印 刷 上海龙腾印务有限公司
开 本 787mm×1092mm 1/16
印 张 6
字 数 150000
版 次 2020 年 7 月第 1 版 2020 年 7 月第 1 次印刷
书 号 ISBN 978-7-5608-8818-7
定 价 48.00 元

PREFACE
前言

建筑快速设计是建筑学专业人员在升学以及求职过程中的必备能力之一，由于其应试时间的限制，建筑快速设计对思考和绘图的逻辑与速度都有着高水准的要求，因而其也成为众多建筑学学子迫切希望提升的技能。本书的作者总结其多年快速设计教学和各类型快题设计研究经验，将近十年来的教学精华成果编撰成本系列丛书，旨在帮助有需求的建筑学子提升建筑快速设计能力。

本套图书分为四册八大篇，分别从不同角度系统介绍了快速设计的解题策略。每个篇章的框架由三项固定内容构成：第一部分是对其对应主题的快速设计策略以及表现技法的介绍，图文并茂，深入浅出，满足不同层次的读者的阅读需求；第二部分是实际案例分析，精心挑选出的案例具有很强的代表性，方便读者将第一部分理论联系到实际；第三部分为快速设计作品分析，选取优秀作品进行亮点分析，使读者可以对快速设计成果有更为直观的认知，同时也便于自身对比学习。

本册内容将聚焦快速设计中涉及场地相关的内容，上篇主要对总平面基础以及其要素的表达进行分析，并提出场地快速设计的思路，同时也详细介绍了总平面快速表达的流程与表现技法。下篇主要解决不同类型场地中的建筑布局问题，书中介绍了面对规则、水平不规则基地，以及山地地形时建筑布局的一般策略，由建筑扩大至城市设计尺度，展示了建筑组团与不同基地形态的处理手法。读者通过对本册学习，可以建立快速设计中场地设计部分的思考逻辑，并掌握总平面设计的相关表达技法。

CONTENTS
目录

PART 2 下篇 场地形态与建筑布局

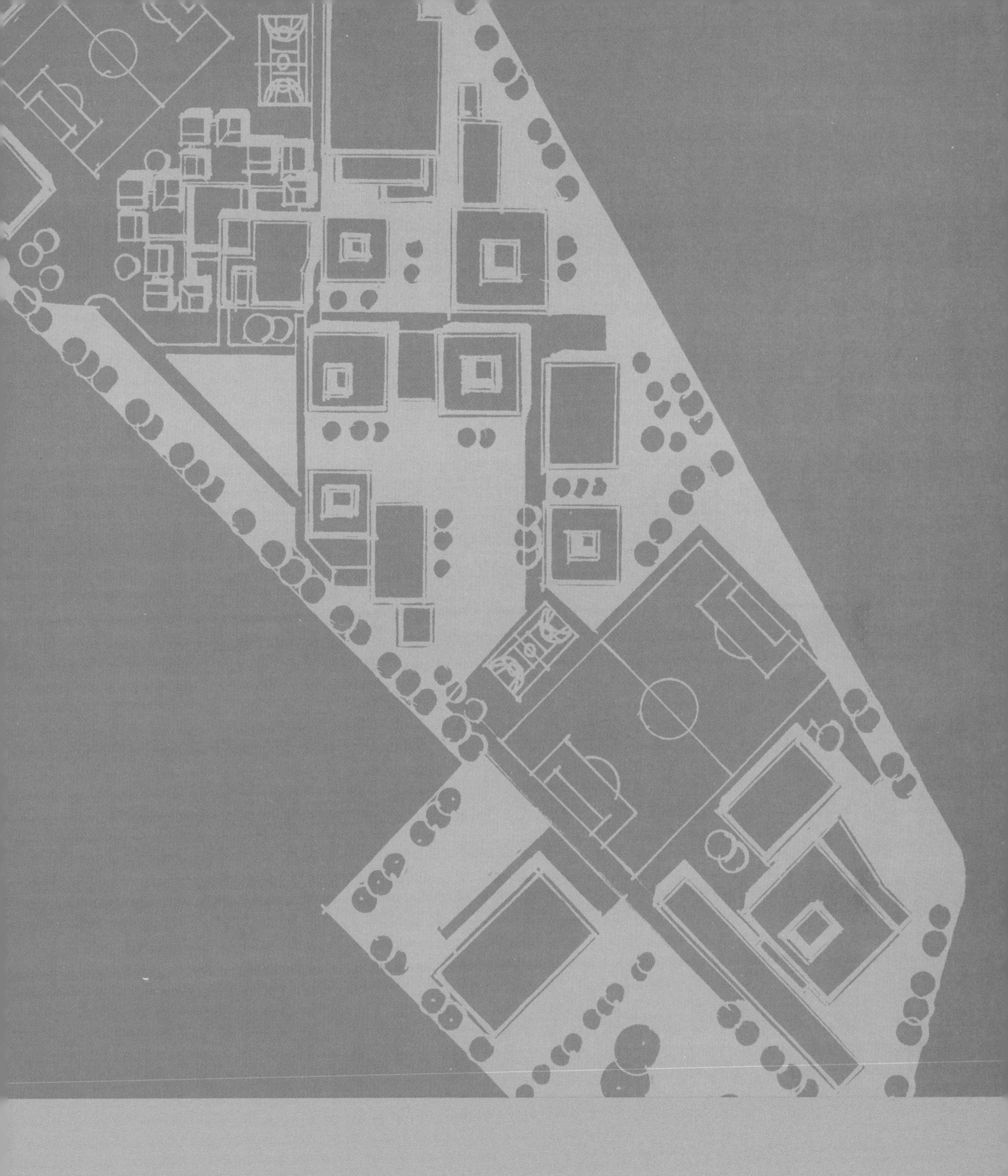

PART 1

上篇 总平面基础与要素表达

1 总平面基础概述

1.1 总平面的基本构成要素

广义上讲，场地总平面可指基地中包含的全部内容所组成的整体。建筑物、广场等都是场地的构成元素，是相互依存的关系。包括五种基本要素：建（构）筑物、交通设施、室外活动设施、绿化与环境景观设施以及工程系统（表 1–1），其中建筑物处于控制和支配地位，交通设施则起到连接体和纽带的作用，绿化与环境景观设施是必要的补充与平衡。狭义上讲，场地总平面是指承载某种建设活动的“平台”，一般来说，是指用地红线范围内的物质环境。但用地红线范围外的环境，往往也成为影响建筑设计的重要因素。

总平面图，亦称“总体布置图”，按一般规定比例绘制，表现建筑物、构筑物的方位、间距，以及道路网、绿化、竖向布置和基地临界情况，表示整个建筑基地的总体布局等。总平面图在方案设计阶段着重体现拟建建筑物的大小、形状以及周边道路、房屋、绿地和建筑红线之间的关系，表达室外空间设计效果。

表 1–1　总平面的基本构成要素

构成要素	说明
建筑物与构筑物	建筑物、构筑物是工程项目最主要的内容，一般来说是场地的核心要素，对场地起着控制作用，其设计的变化会改变场地的使用与其他内容的布置
交通设施	交通设施指由道路、停车场和广场组成的交通系统，可分为人流交通、车流交通、物流交通。主要解决建设场地内各建筑物之间、场地与城市之间的联系，是场地的重要组成部分
室外活动设施	室外活动设施是适应人们室外活动的需要，供休憩、娱乐交往的场所；是建筑室内活动的延续及扩展。对于教育和体育建筑来说，室外活动设施又是项目必不可少的组成部分
绿化与环境景观设施	绿化与环境景观设施对场地的生态环境、绿化环境起着重要作用，给场地增加自然的氛围，体现场地的气质，营造优良的景观效果
工程系统	工程系统是指工程管线和场地的工程构筑物。前者保证建设项目的正常使用，后者如挡土墙、边坡等，在场地有显著高差时能保证场地的稳定和安全

1.2 名词解释

1.2.1 场地中的“线”

在进行总平面设计时，要兼顾城市中和场地中的“线”（表 1–2、表 1–3）。

表 1–2 城市中的“线”

名称	说明
道路中心线	道路中心的一条虚拟的线
道路红线	规划的城市道路用地边界线，是一条虚拟的闭合的线
路缘石线	路缘石投影线
城市绿线	城市绿地边界
城市蓝线	河道规划线
城市黄线	是指对城市发展全局有影响的、城市规划中确定的、必须控制的城市基础设施用地的控制界线
城市紫线	政府划定的历史建筑保护边界

表 1–3 场地中的“线”

名称	说明
用地红线	各类建筑工程项目用地使用权属范围的边界线
建筑控制线	建筑基地退后用地红线、道路红线等一定距离后建筑基底位置不能超过的界线

1.2.2 技术经济指标

表 1–4 常用技术经济指标

名称	说明
用地面积	指建筑或建筑群实际占用的土地面积，其形状、大小由建筑控制线决定
建筑密度	基底面积 / 用地面积 × 100%
容积率	总建筑面积 / 用地面积
绿化用地面积	建筑基地内专用于绿化的各类绿地面积之和
绿地率	绿化用地面积 / 用地面积 × 100%
绿化覆盖率	绿化垂直投影面积之和 / 用地面积 × 100%

2 总平面中的布局策略

在建筑快速设计中，总平面设计主要考虑两大方面的内容——场地布局与交通组织。在场地布局方面，需明确功能分区，合理确定场地内基本要素，如建筑物、构筑物及其他工程设施相互间的空间关系，并具体进行平面布置。

2.1 场地与建筑的关系

建筑在场地中的布局要兼顾城市界面、轴线和朝向等多种因素。根据建筑布置方式不同，一般可以将建筑与场地的关系分为建筑包围场地与场地包围建筑两种形式。

2.1.1 场地与建筑相对分离

当场地面积比较大时，可选择较为集中的建筑布局，使建筑置于场地中的某一位置，从而使建筑和场地呈现出相对独立的状态，便于在场地内安排新的功能，或者回避场地中的不利限制条件。例如，在学校的设计中，就适合将建筑与活动场地分离，实现功能分区和动静分离（图 2–1）。

2.1.2 建筑包围场地

当场地功能需要和建筑功能联系紧密时，例如餐饮的室外用餐区、展览建筑的室外展区、入口的集散前广场，则需要考虑建筑与场地的融合。一种做法是利用修长的建筑形体在场地中不断延伸，从而围合成庭院或者半开放的庭院，来形成与建筑关系紧密的室外场地空间；另一种做法是减少建筑下层建筑面积，从而使建筑顶部空间面积增大，而在场地中形成与建筑形体联系紧密的灰空间（图 2–2）。

2.1.3 建筑均质散布

当建筑形体较为分散时，还可以将形体单元均匀分布在场地内部，使建筑与场地充分交融（图 2–3）。

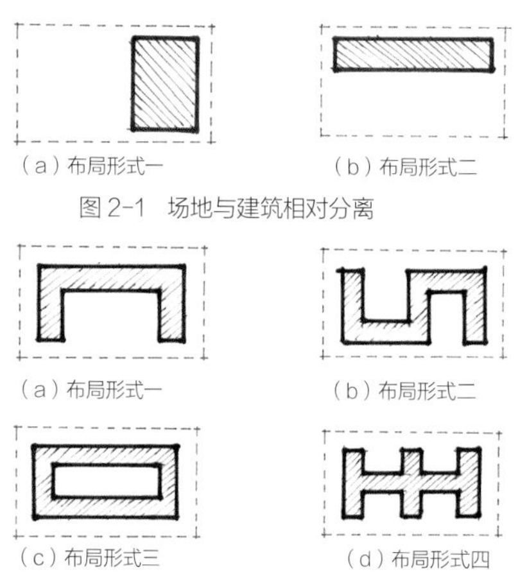

（a）布局形式一　（b）布局形式二

图 2-1　场地与建筑相对分离

（a）布局形式一　（b）布局形式二　（c）布局形式三　（d）布局形式四

图 2-2　建筑包围场地

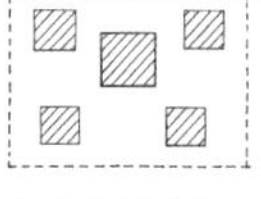

（a）布局形式一

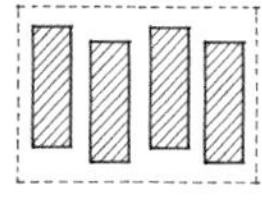

（b）布局形式二

图 2–3　建筑均质散布

2.3 其他场地布置策略

2.3.1 母题法

以某一要素为母题，在场地中不断重复，从而取得构图统一的效果。当建筑形态比较纯粹时，通常母题可以从建筑形式中提取，如圆形、方形或长条形等，这些复制的形态在场地中可进行尺度的缩放和角度的旋转，布置为绿地、水体和地面铺装等（图 2–19）。

母题法可以将场地设计与建筑设计关联，还可以形成较为灵活多变的室外空间形态。

2.3.2 轴线法

通过一条或者两条轴线将整个场地联系起来，设计过程中着重设计轴线上的空间和景色的变化。主要节点一般在轴线上（或端点处）以及轴线旁分布，这些节点可以是建筑本身，也可以是广场或者绿化景观（图 2–20）。轴线上凸显节点的手法多样，一般可将节点尺度放大，然后插入轴线路径之中或者紧贴轴线放置。节点的细节营造可以通过多样的地面铺装、营造高差、插入景观元素来实现（图 2–21）。

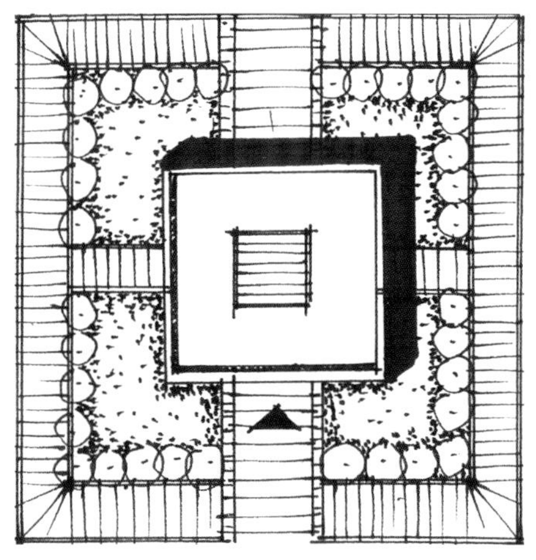

以建筑形态“方形”为母题元素在场地中进行复制，形成 4 片方形绿地，以建筑为中心，对称化布局。

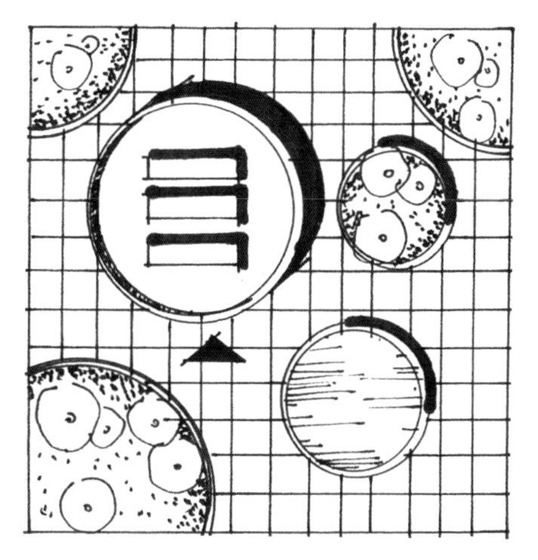

以建筑形态“圆形”为母题元素在场地中进行复制，形成大小不一的圆形水池或者绿地，弧线限定出了具有流动感的路径，提升了环境的趣味性。

图 2–19　母题法

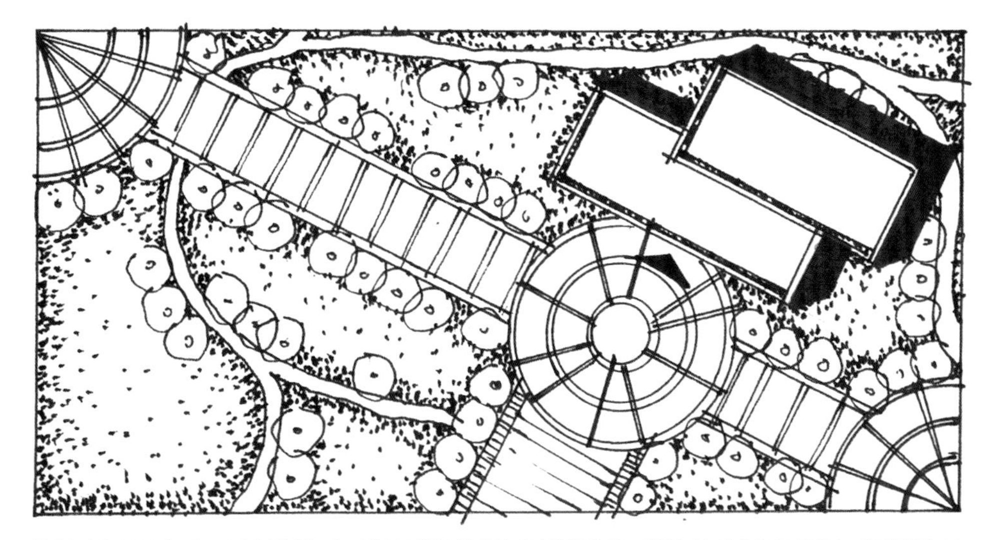

轴线与建筑布局走向一致，建筑位于轴线一旁。通过在轴线的首尾插入节点增强引导性，建筑主入口处的节点尺度放大，起到强调入口空间的作用。

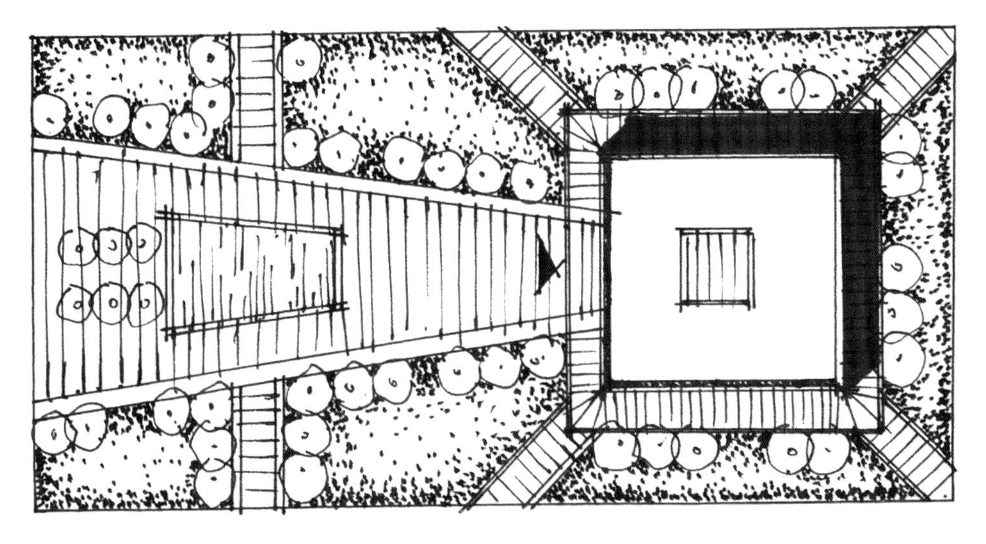

轴线采用了渐变的形态，斗状造型可以产生“吸引”的感受，增强引导性。轴线中置入景观水池起到活跃场地，提升环境品质的作用。建筑本身作为轴线中的节点，是轴线的终止。

图 2-20　轴线法

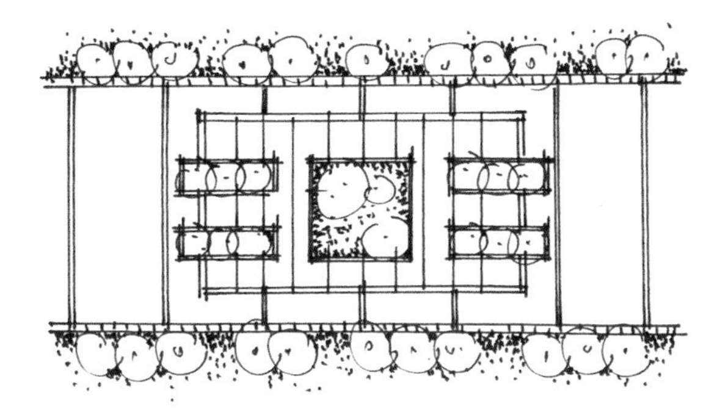

当轴线自身尺度较大时，可以通过有节奏地布置景观元素来营造轴线节点。

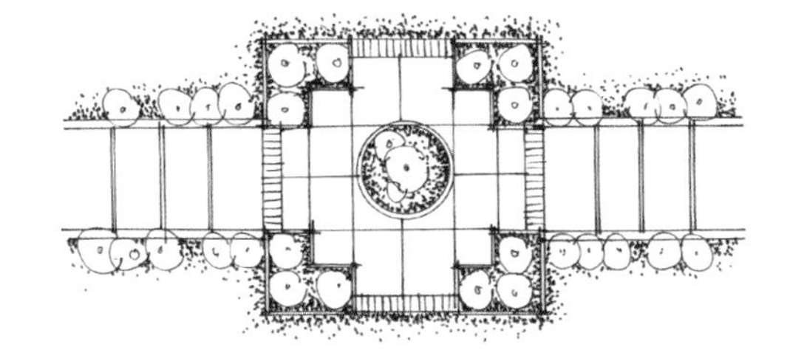

轴线较长时，可通过放大节点进行优化。节点的铺地材质可以进行改变，还可以置入景观花池强调节点范围，提升节点的景观性。

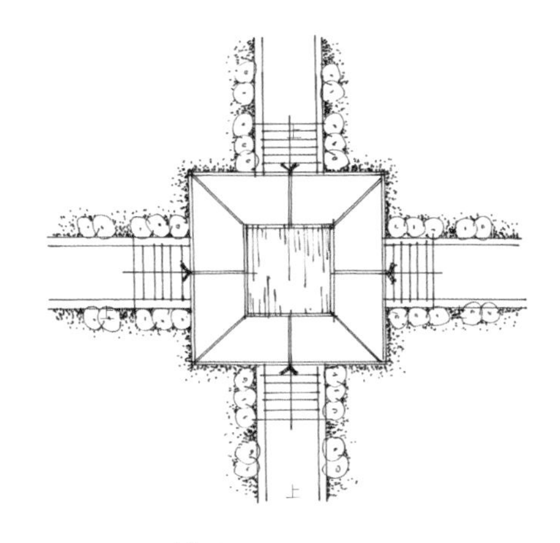

节点除了放大外还可以进行抬高，通过台阶踏步设置高差变化。

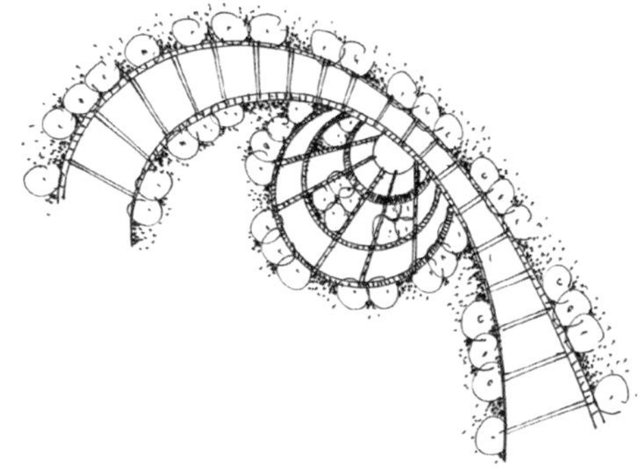

弧形的轴线可以通过紧贴轴线设置圆形小广场的方式来营造节点。

图 2-21　景观轴线的节点营造

3 总平面中的交通组织

场地中的交通系统能够解决人们出行和货物运输的需要，是由人、车、道路和停车场等交通要素构成的复杂动态系统。在交通组织上，需合理组织场地内的各种交通流线，避免各种流线交叉干扰，并进行道路、停车场地、出入口等交通设施的具体布置。在建筑快速设计中，一般需要从场地出入口的设置、流线组织与停车系统布置三个角度着手。

3.1 场地出入口

场地出入口是场地内外交通的衔接点，其设置直接影响着场地布置和流线组织。场地出入口及与之相关的交通集散空间的设置，需要在分析场地周围环境（尤其是相邻的城市道路）以及场地交通流线特点的基础上，结合场地分区进行综合考虑。

对于交通量不大的较小场地，一般设置一个出入口便可满足交通运输需要。在可能的情况下，场地宜分设主次出入口，主入口解决主要人流出入并与主体建筑联系，次入口作为后勤服务入口，与辅助用房相联系。注意人行与车行的分离。

对于车行出入口的位置选择，需要根据场地与城市道路等级的关系进行布局。场地周边若有城市干道与城市支路，则一般将车行入口开在城市支路上，不宜将车行入口开设在干道、快速干道上。同时，支路上的车行出入口距支路与城市主干道道路红线交叉点的距离，应不小于 70m（图 3–1）。

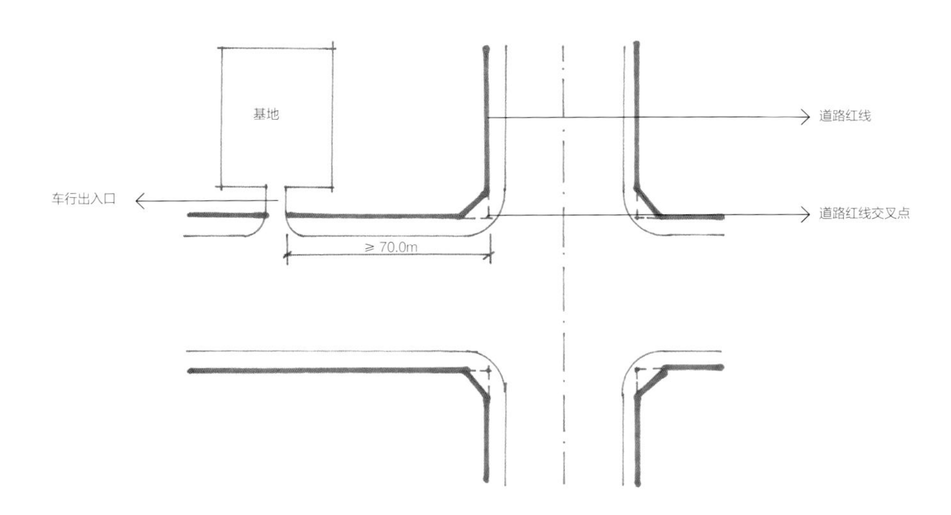

图 3–1　车行出入口与道路交叉口的距离

3.2 组织流线

合理组织场地内的各种交通流线，避免人流、车流、停车交叉干扰。对道路、停车场地、出入口进行合理布置，例如利用主入口组织人行流线，用次入口组织车行流线及货运流线等。

3.2.1 道路宽度

场地中车行道路需要满足车辆通行的宽度，一般单行道不小于 3.5m，双行道不小于 6.5m，消防车道不小于 4.0m。对于人行通道，其宽度可随路径等级和性质灵活改变。

3.2.2 车辆的转弯半径

为保证车辆在交叉口处转弯时能以一定的速度安全、顺畅地通过，道路在交叉口处的缘石应做成适应车辆弯道运行轨迹线的圆曲线形式。圆曲线的半径 *R* 称为缘石（转弯）半径，可根据机动车最小转弯半径确定。道路最小转弯半径视道路等级及通行车辆不同而定，最小转弯半径为 6m（图 3-2）。

3.2.3 消防环道

消防车道是指火灾时供消防车通行的道路。根据规定消防车道的净宽和净空高度均不应小于 4.0m，消防车道上不允许停放车辆，防止发生火灾时堵塞。消防车道还可以结合城市道路交通和绿化布置，但应满足宽度要求，也不应有障碍物出现（图 3-3）。

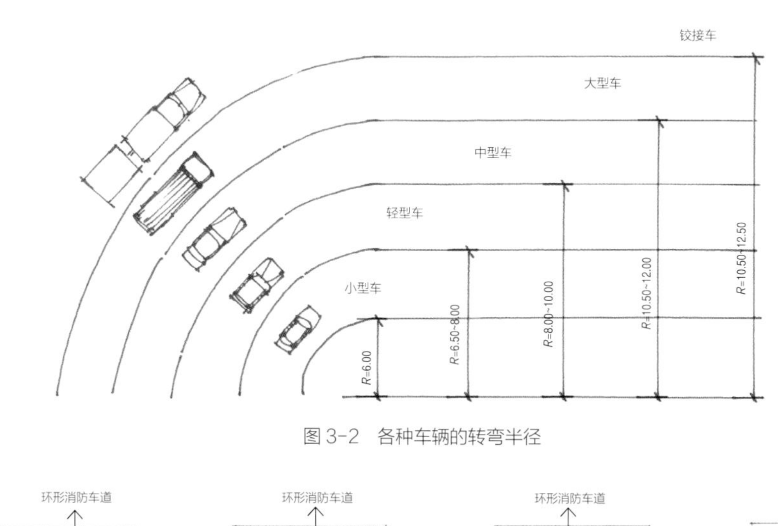

图 3-2　各种车辆的转弯半径

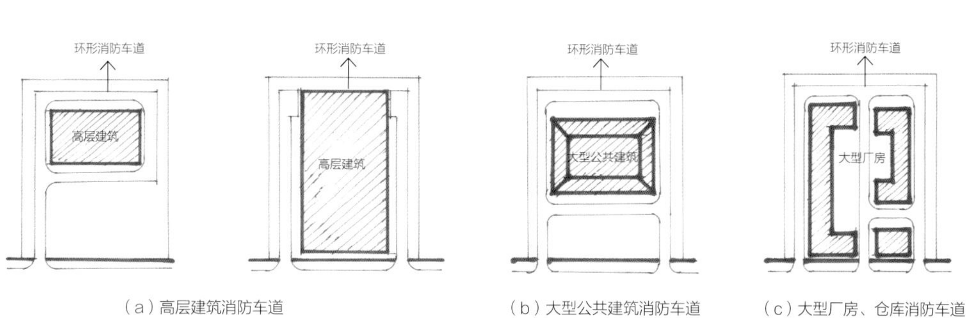

图 3-3　环形消防车道设置

3.3 停车系统

停车系统应根据场地功能需要设置，满足城市规划及交通管理部门要求，合理确定停车场（库）的规模，停车场内交通流线组织必须明确。停车场内交通应尽可能遵循“单向右行”原则，避免车流交叉；停车场应按不同类型及性质的车辆，分别安排场地停车，以确保进出安全与交通疏散；应设置醒目的交通设施及标志，以划分停车位和行驶通道的范围。

3.3.1 停车场（库）出入口设置

机动车停车场的停车泊位数越多，出入车辆越多，出入口的数量也需要相应增加（图 3–4）。50 ~ 300 个停车位的停车场，应设两个出入口；大于 300 个停车位的停车场，出口和入口应分开设置，并各设有一对出入口；大于 500 个停车位出入口不得少于 3 个。停车场的出入口不宜设置在主干道上，可设置在次干道上或远离道路交叉口。地下停车库还需要在总平面或首层环境平面上标注出入口（图 3–5）。

3.3.2 停车场布局

标准小汽车的停车位尺寸为 2.5m×5m，单位停车面积为 25 ~ 30 m²。根据车辆的停放方式，在场地布置上可以分为平行式、垂直式和斜列式。在布局时以小汽车为尺度依据，布局与尺寸可参考图 3–6、图 3–7。

3.3.3 回车场设置

当尽端式道路长度大于 120m 时，应在尽端设置不小于 12m×12m 的回车场地。尽端式消防车道应设有回车道或回车场，回车场应不小于 15m×15m，大型消防车的回车场应不小于 18m×18m（图 3–8）。

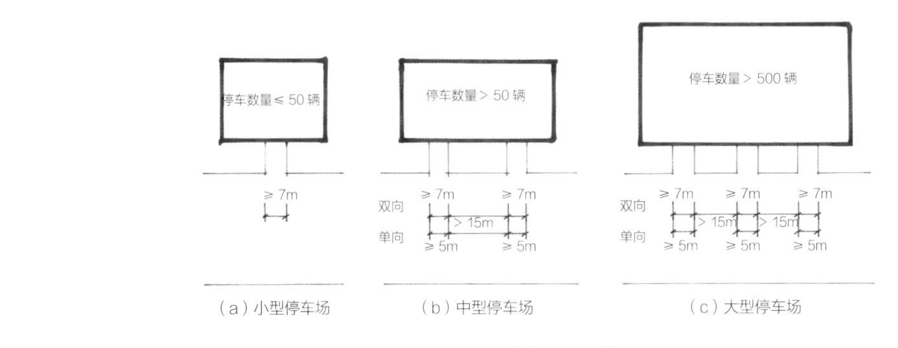

（a）小型停车场　（b）中型停车场　（c）大型停车场

图 3–4　停车场的出入口设置

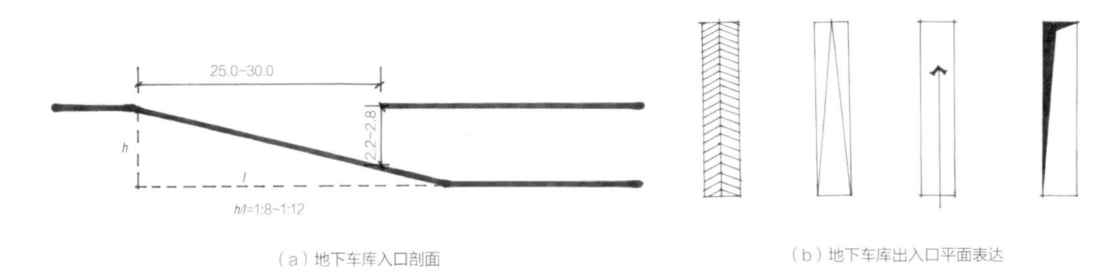

（a）地下车库入口剖面　（b）地下车库出入口平面表达

图 3–5　地下车库入口示意

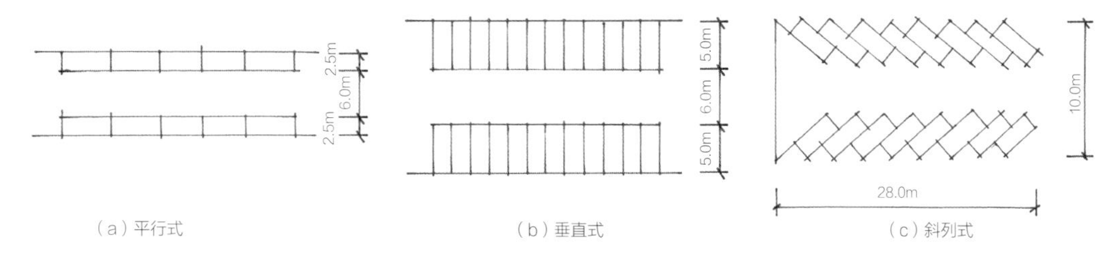

图 3-6　停车场车位停放方式

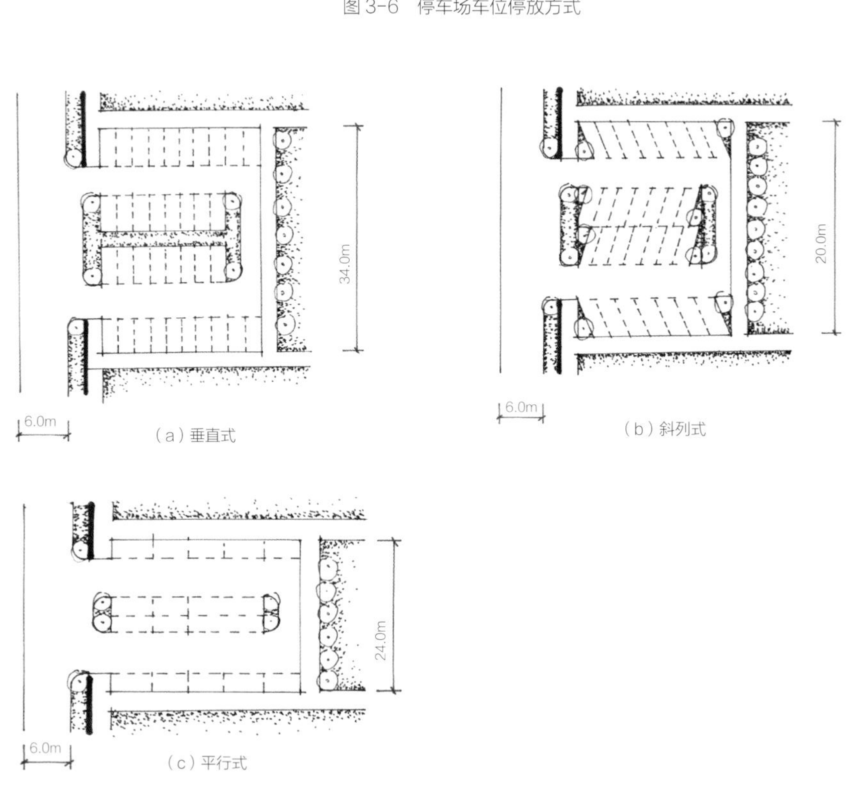

图 3-7　大型停车场车位停放方式

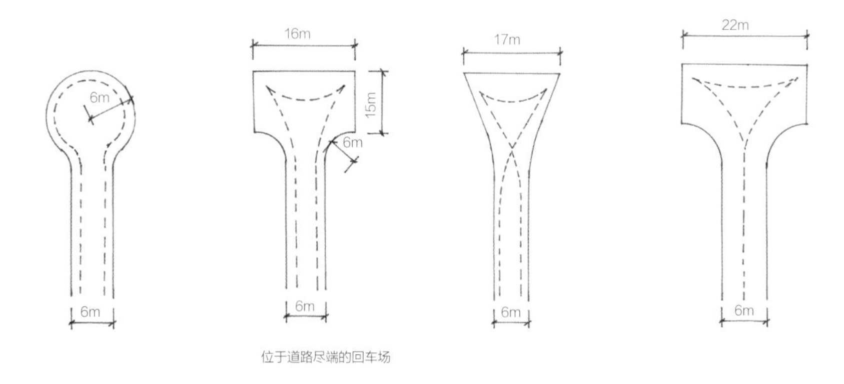

图 3-8　回车场

4 总平面制图与表现

4.1 绘制流程

总平面能够直观体现建筑与场地的关系，以及建筑、场地和城市的关系，因而快速设计中总平面占据着举足轻重的地位，在制图和表现上，除了表达建筑在场地中的布局，还应当表达场地的交通流线组织和环境设计。可供参考的绘制步骤如下。

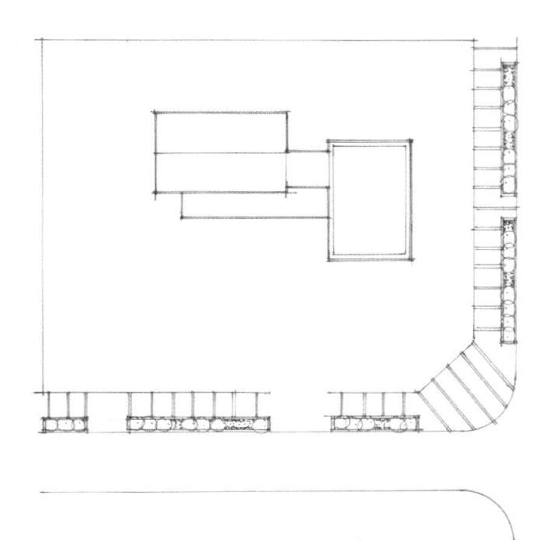

确定建筑与场地关系

确定建筑在场地中的位置，并按比例绘制建筑屋顶轮廓。

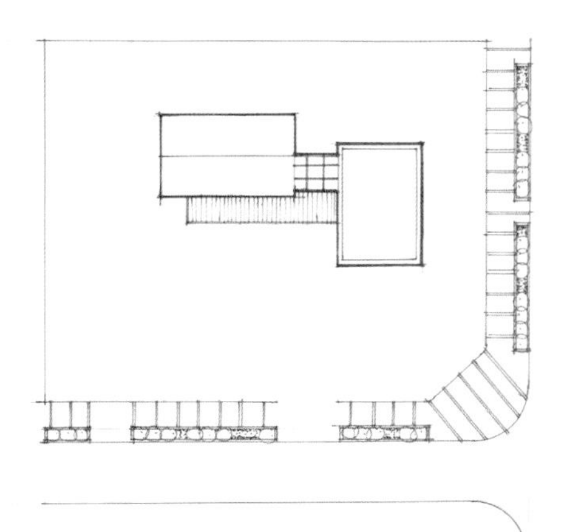

绘制建筑细节

绘制女儿墙、屋顶形态及材质细节。

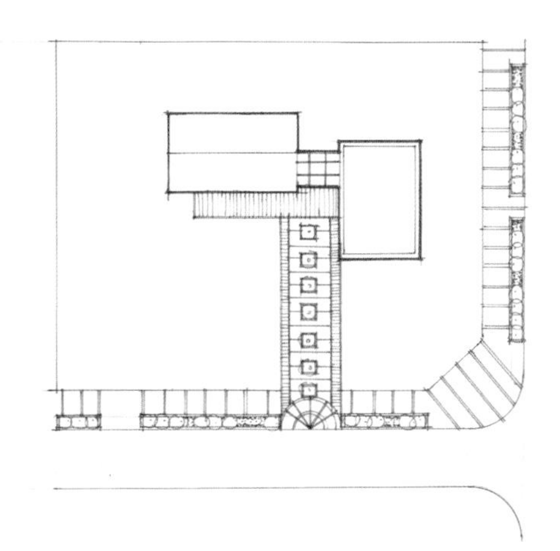

绘制入口空间细节

绘制入口广场与路径，表现铺地材质。

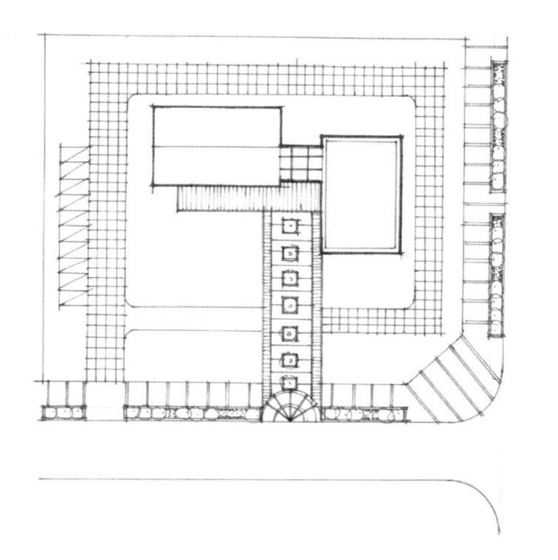

绘制交通组织细节

绘制车行道路和停车位的布置，以及消防车道。

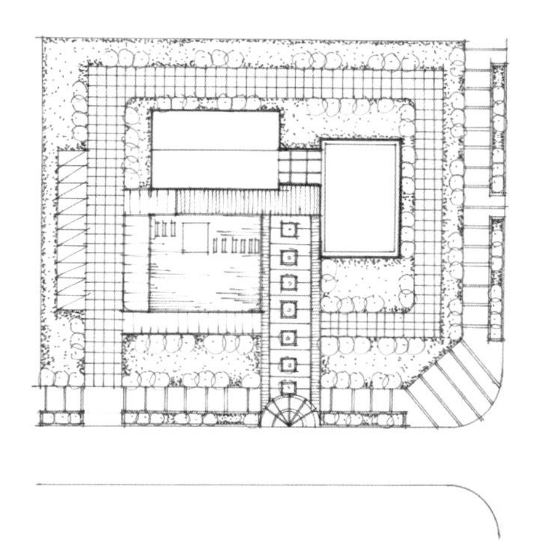

绘制景观元素及细节

完善环境细节，包括绿化与硬质铺地。

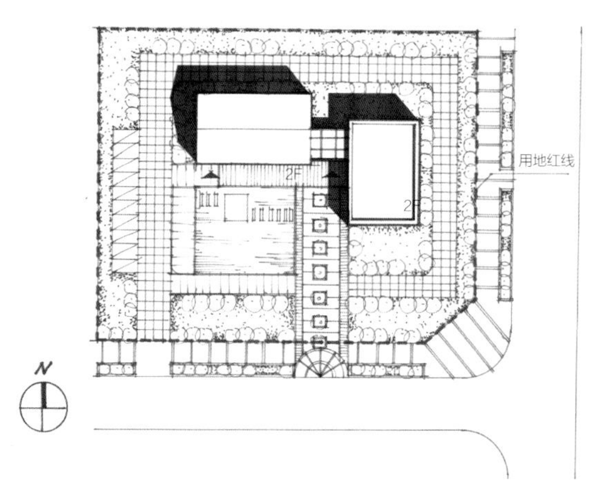

绘制符号

最后绘制符号，包括入口指示、建筑层数及指北针。

图 4-1　总平面的绘制流程

4.2 表现技法

4.2.1 建筑表现

总平面中需要对特殊的建筑材料进行色彩表现，例如天窗上的玻璃和木质平台，或者建筑本身的色彩选择等，但是建筑色彩应尽量明快淡雅，使其可以在图纸的环境中清楚地表达形态布局。

建筑表现的另一个重点是阴影的表现，包括建筑主体的阴影、平屋顶女儿墙和坡屋顶的暗面。阴影可以选用深灰色，避免阴影过黑遮盖掉绘制的场地细节。

4.2.2 环境表现

场地中适当的环境表现能极大丰富总平面的图面效果，并烘托建筑主体，突出交通路径（图 4-2 ～图 4-5）。

1. 绿化

对于总平面中的绿化，可以采用较为淡雅的绿色进行填涂，可区分出树与草的颜色。对于树球，还可以进行暗面和阴影的表达，突出树球的立体感。

2. 水

水体可以选择浅蓝或蓝绿进行填涂，避免填涂过满，适当留白可以凸显水面的灵动感。

3. 硬质铺装

大面积的硬质铺装可以采用浅灰色或者浅黄色进行填涂，还可以在局部加深色彩以表现节点或者路径的引导性。

场地中利用不同的铺地纹理表现出了多个节点，运用色彩明确表达了植物、木材与水面的色泽，起到了衬托建筑主体的作用。弧线元素的运用打破了建筑轮廓的僵硬感。

图 4-2　总平面图表现一

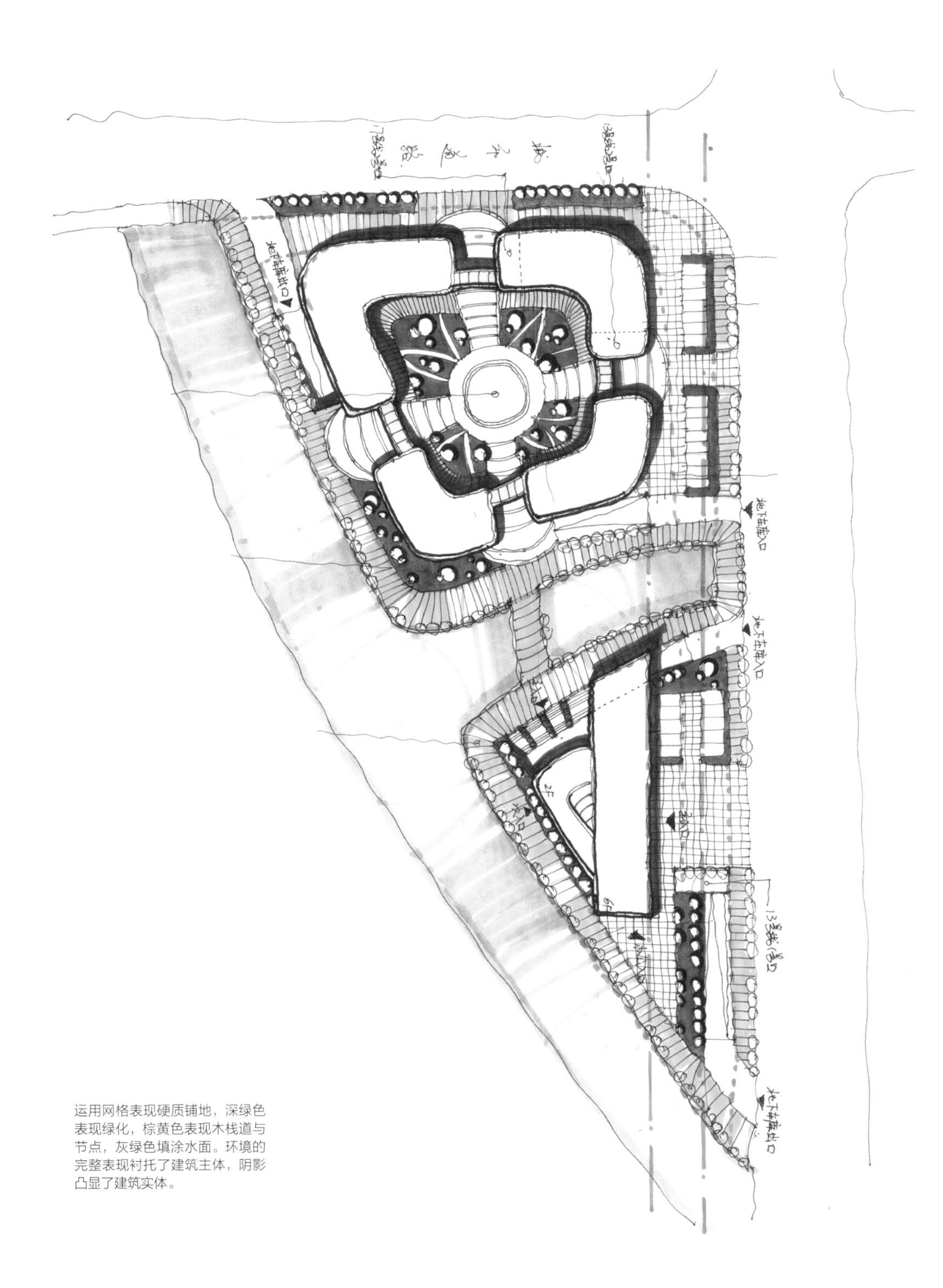

运用网格表现硬质铺地，深绿色表现绿化，棕黄色表现木栈道与节点，灰绿色填涂水面。环境的完整表现衬托了建筑主体，阴影凸显了建筑实体。

图 4-3　总平面图表现二

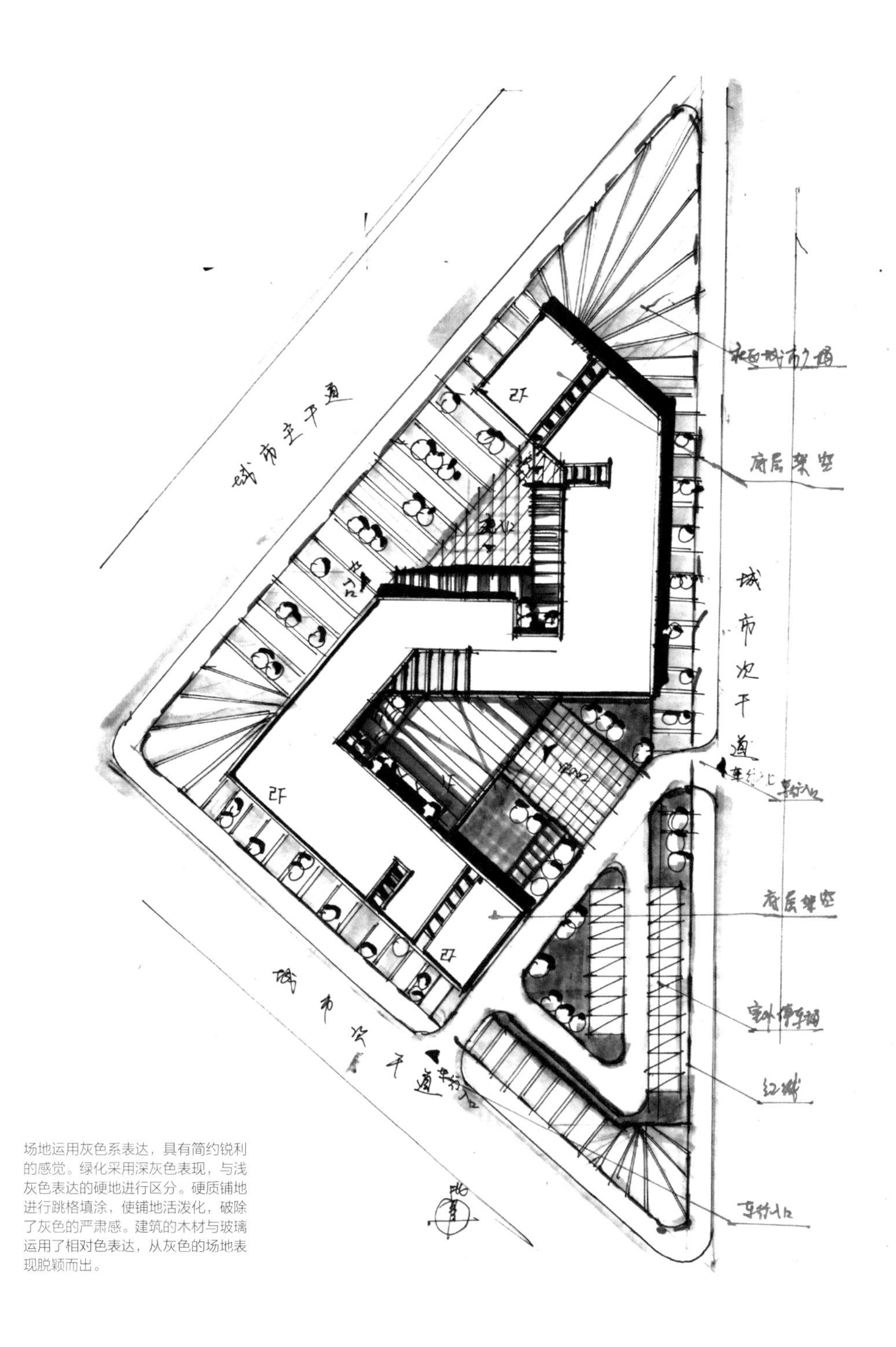

场地运用灰色系表达，具有简约锐利的感觉。绿化采用深灰色表现，与浅灰色表达的硬地进行区分。硬质铺地进行跳格填涂，使铺地活泼化，破除了灰色的严肃感。建筑的木材与玻璃运用了相对色表达，从灰色的场地表现脱颖而出。

图 4-4　总平面图表现三

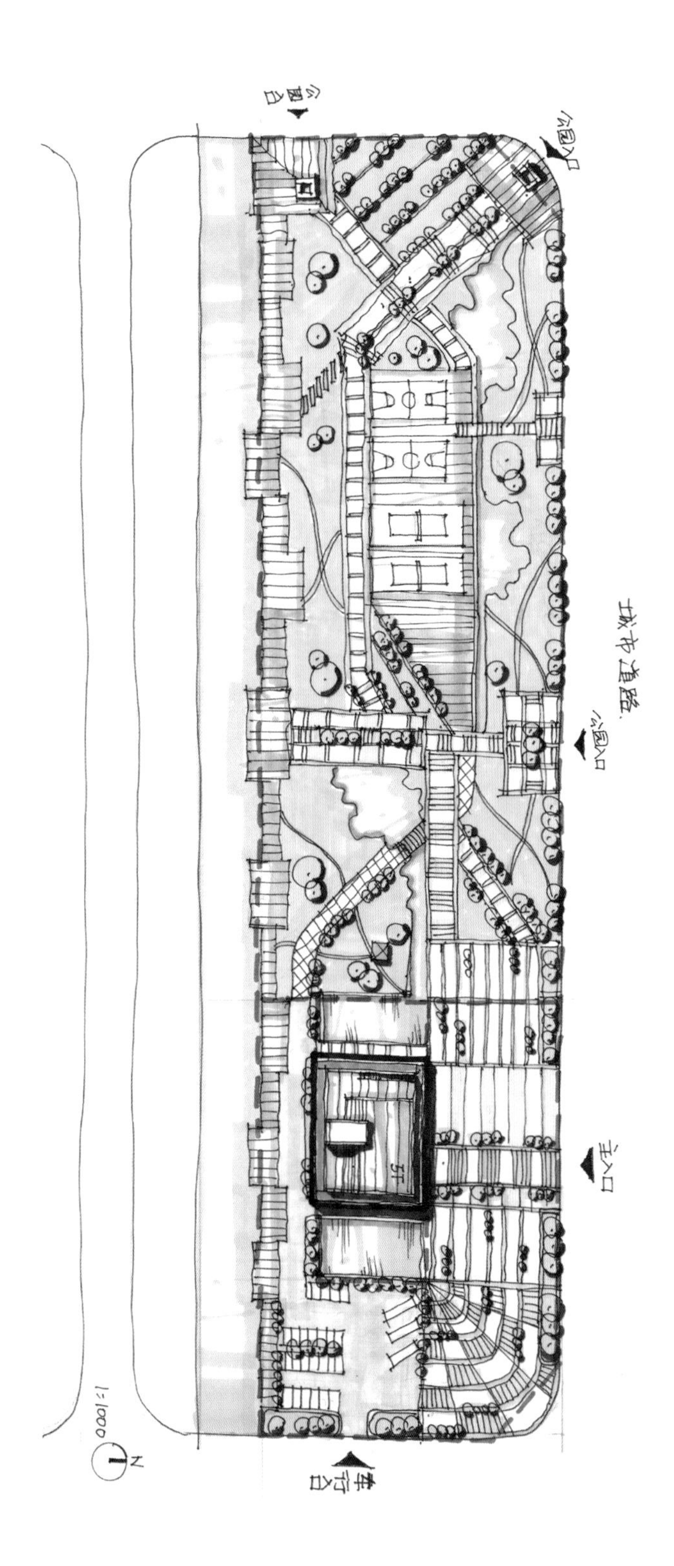

选用明亮的绿色进行大面积绿化的填涂，穿插绿色的树球打造层次感。棕黄色表达的木质道路与亲水平台和公园整体的绿色调相得益彰。水面选用浅蓝绿色进行留白化填涂，表达出了水面的反光感。

图 4-5　总平面图表现四

经典案例分析

5.1 浙江开化县 1101 工程及城市档案馆 / 浙江大学建筑设计研究院

浙江开化县 1101 工程及城市档案馆位于浙江省衢州市，建筑师在风景区入口建造了一座包含城市档案馆和人防指挥中心的优雅建筑。建筑以尊重原有场地特征为设计出发点，提出了折板平台和漂浮盒子的设计理念，巧妙解决了功能流线、成本控制、结构合理性等多种影响因素，展示出一座与周边环境相生相容的特色建筑。从总平面基础与要素表达的角度上看，可以总结归纳出以下要点。

1. 总平面的交通组织

建筑思考了对场地环境的限定，场地环境题中有保留现状，景观环境、地形地貌等都是总平面组织时需要思考的要点。建筑的基地内有一条小路连通向北侧山体的步道，为了避免建筑将这条连接通道打断，通过从主体建筑延伸的平台通往山体，延续了原有路径。建筑置于基地中部，外围环绕的车道不仅解决了地面停车的需求，也解决了消防环线的问题，车库入口位于建筑西侧，消融于建筑体块内。

2. 平台联系山地高差

通过平台衔接了两个地形的高差，整个建筑紧密贴合自然山体与其产生了丰富对话，通过不同标高的折板平台与山地、景观对话，为使用者提供不同视角的观赏场所。同时将城市档案馆、食堂等开放性较大的功能置于折板之下，并提供公共活动的平台，而功能较为私密的住建局办公置于折板之上，形成漂浮的盒子，最大程度利用景观资源。

3. 形体立面

建筑通过折板裹住了展览、档案馆，游移的路径与错位的平台暗示了其展示功能，将办公白色体量单独拎出置于上部并产生出悬挑空间，呈现出悬浮盒体的完整形态。建筑整体使用干挂石材与玻璃幕墙相结合，给人简洁大方的现代感与厚重的历史感，同时丰富的建筑体块旋转渐变增加了建筑的趣味性，也回应了环境。

图片来源：https://www.archdaily.cn

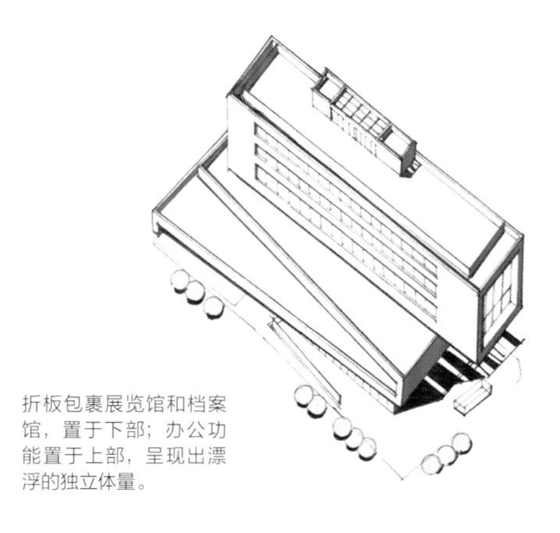

折板包裹展览馆和档案馆，置于下部；办公功能置于上部，呈现出漂浮的独立体量。

建筑轴测

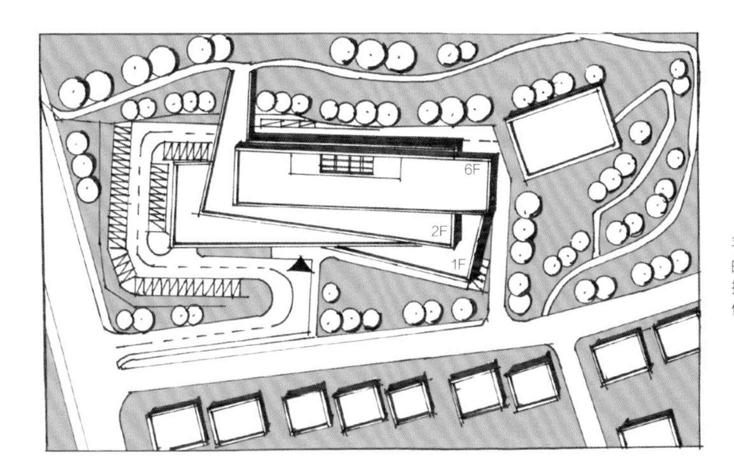

平台衔接了两个不同地形的高差，通过不同标高的折板形成的错动平台与山体地形和自然景观对话。

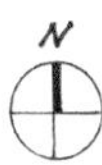

总平面图

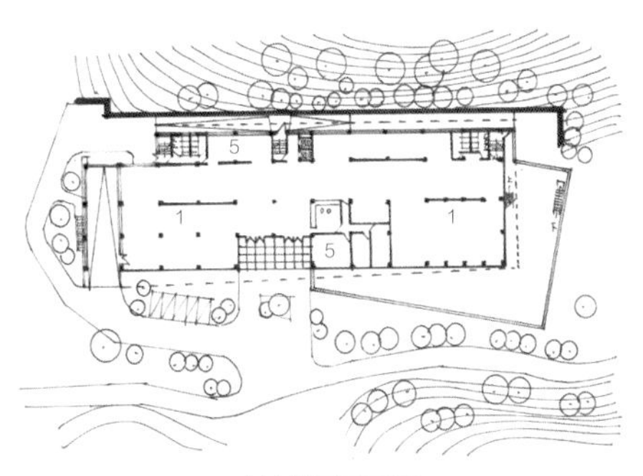

建筑首层平面图

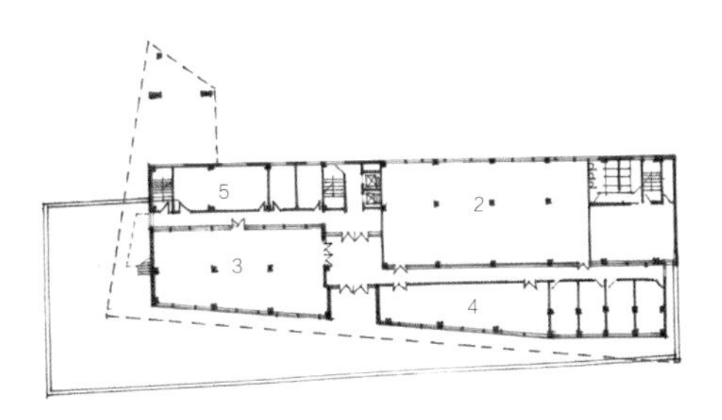

建筑二层平面图

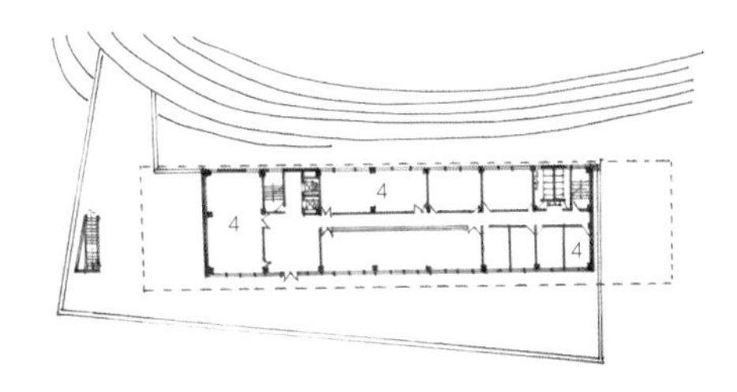

建筑三层平面图

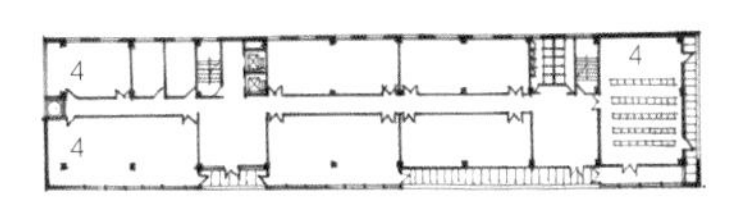

1. 城市档案馆
2. 人防指挥中心
3. 食堂
4. 会议办公
5. 管理辅助

建筑四层平面图

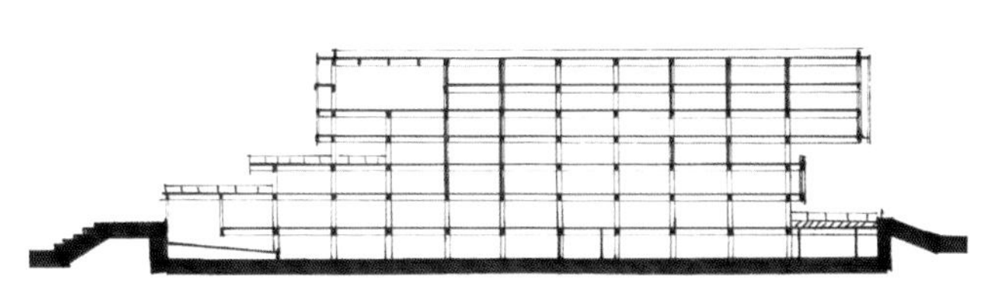

建筑剖面图

5.2 杭州古墩路小学 / 六和设计

杭州古墩路小学位于杭州市西北部的良渚组团，建筑定位为一所 36 班公办小学。用地的西南侧和东南侧均为城市主次干道，用地北、西、南三侧则均为林立的百米高层住宅，周边环境呈现出高密度且均质化的城市空间。建筑师在为城市提供紧缺的基础教育配套设施的同时，还在周边令人紧张的鳞次栉比的“水泥森林”中，为社区及学生们营造出了一处能够放松地学习和游憩的场所。从总平面基础与要素表达的角度上看，可以总结归纳出以下要点。

1. 场地分区

建筑基地周围毗邻城市主次干道与百米高层住宅，呈现出高密度且均质化的城市空间，为了回应场所的拥堵不堪与学校建筑的特性，场地设计上，建筑师以最大的可能为场地提供充裕的开敞空间。通过绿坡抬升的微地形塑造与架空地上一层教学楼的方式，不仅充分满足了使用者的活动场地需求，同时也利用高差分离了活动区域与教学区域，使得动静功能分区明确。

2. 建筑采光

因对采光日照、建筑通风等要素的考量，相邻的楼层以相异的方向进行了转折和错动，建筑单元形成“之”字形布局，同时体量的拉伸围合出丰富的中庭空间，并通过风雨廊道串联了建筑整体。

3. 绿化要素

校园内部，则以绿坡抬升等微地形塑造方式——将田径场下方开挖地下车库的土方于西北侧堆出 1.5m 高草坡，将学校内的主要建筑群塑造成为架空于这一生态绿坡上的漂浮庭院，界定了教学区和运动区的空间属性。在高密度的社区之中，建筑师希望通过尽可能地还原绿地、活动场地等开敞空间，来构筑一处属于这个区域的孩子们的绿洲，与此同时，交错而多彩的学校建筑则通过丰富的架空与模糊空间，为孩子们构筑了另一种意义上的全天候功能“绿洲”。

4. 立体交通系统

不同尺度的平台和灰空间为使用者提供了多样的空间使用模式，使得平面和空间上呈现出交织错落的建筑形体关系。

建筑庭院

图片来源：https://www.archdaily.cn

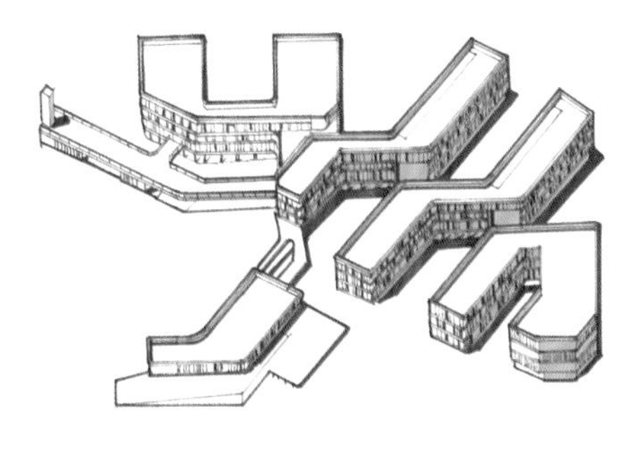

架空地上一层，给使用者提供充足的室外活动场地，利用高差实现动静分区。不同高度的活动平台和灰空间，创建错落有致的建筑体型的同时，也提供给使用者多样化的使用模式。

建筑轴侧

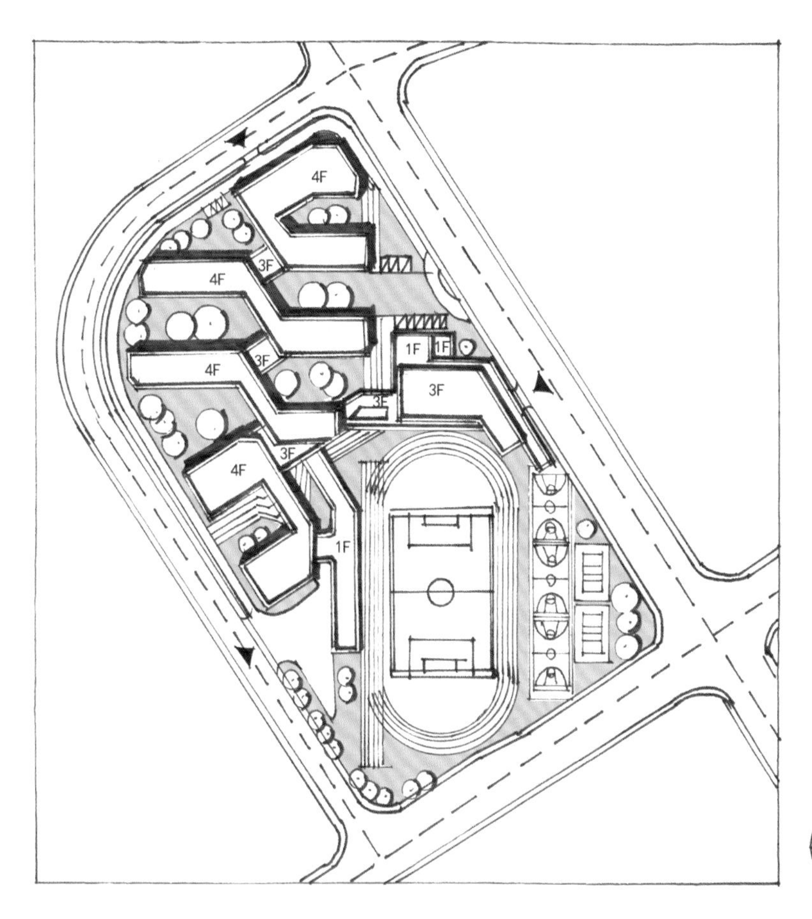

"之"字形的建筑布局，围合出多个庭院空间，提升建筑空间品质的同时，充分满足建筑对通风和采光的需求。

总平面图

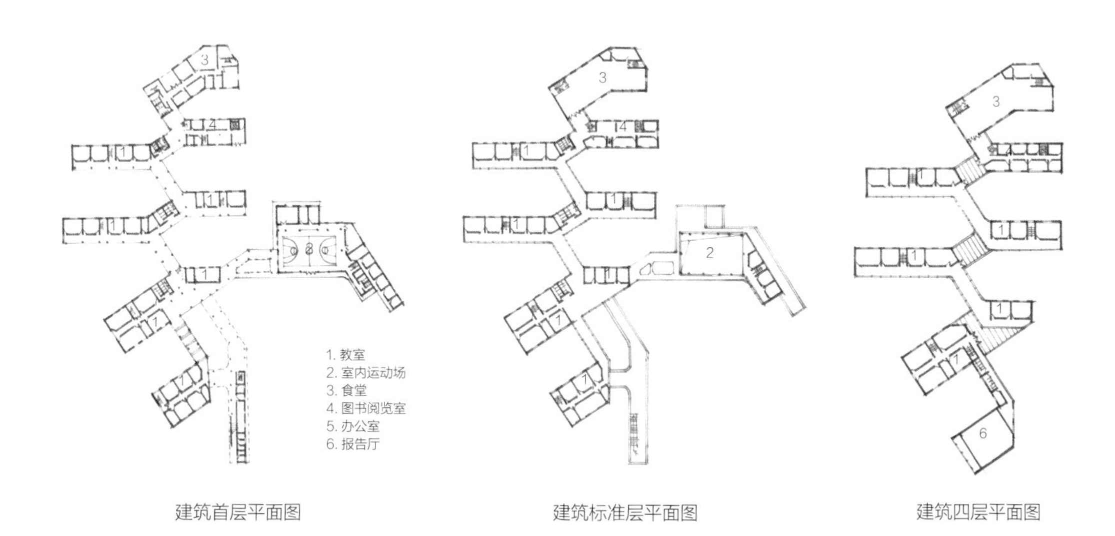

建筑首层平面图　建筑标准层平面图　建筑四层平面图

5.3 彼得莱斯学校艺术设计学院 / Feilden Clegg Bradley Studios

彼得莱斯学校位于彼得斯菲尔德的南唐斯国家公园边缘，周边自然环境优美。紧邻的一棵丰茂的橡树以及中心草坪使新建的学校艺术设计部成为社区一道独特的风景。这座现代的建筑物坐落在已有 300 年历史的老橡树的树荫下，旁边有一个旧的谷仓，使学生可以在户外活动和学习中成长。从总平面基础与要素表达的角度上看，可以总结归纳出以下要点。

1. 体块并置

建筑体量通过体块并置的方式形成了节奏感与韵律感，建筑围绕原有大树布置，形成“L”形平面，既尊重了自然，又将古树纳入景观系统，优化了场地的生态环境。

2. 坡屋顶造型

建筑设计将英国的农业建筑作为设计原型，通过双坡屋顶建筑单体的连续复制延展，以贯通东西的五个连续尖坡顶形成了谷仓式的空间整体。建筑的交通空间置于建筑主体外侧，形成双侧廊，在步入建筑体内的同时，通过外格栅的变化，能够步移景异地欣赏古树景观。

3. 材质对比

建材采用材料最原始的形态：木条所组成的外部屏障，格木屏构成了入口处的天棚，覆盖层利用的可再生木材，以及木纤维制成的吸音板都减少了建筑中的隐含碳含量，使得整体建筑造型轻盈且环保。大块裸露的水泥使室内的温度更加恒定。

4. 采光

主体建筑分为上、下两层，因功能对采光的不同需求，坡屋顶下容纳了一系列自然采光的画室，最大程度地利用了光照，减少了对于人工采光的需求。

建筑外观

建筑内部

图片来源：https://www.archdaily.cn

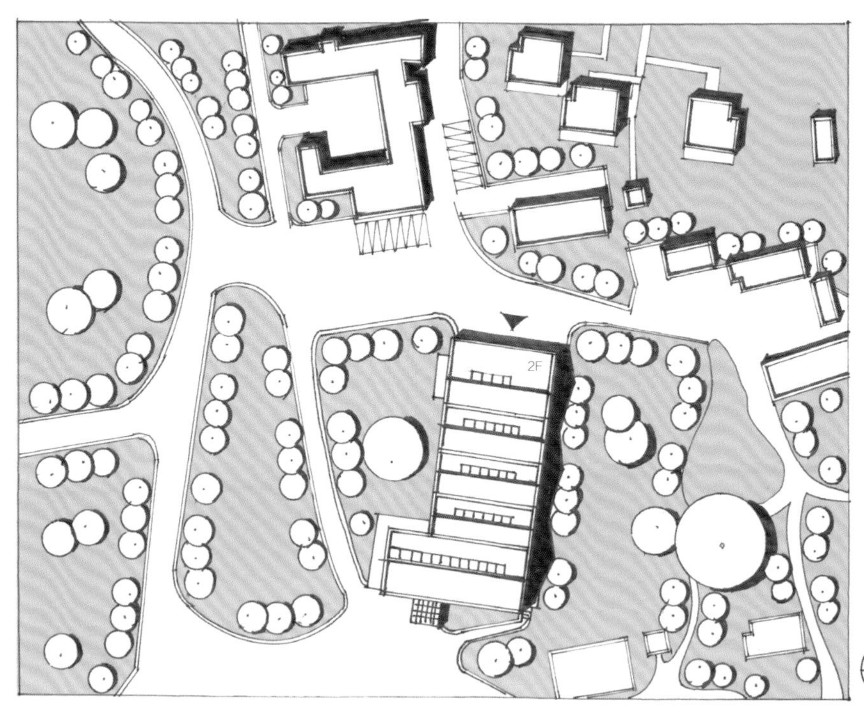

并置的建筑体量形成很好的韵律感，并且围绕基地内部原有古树布置为L形，尊重基地原有生态环境的同时，充分利用其景观系统。

总平面图

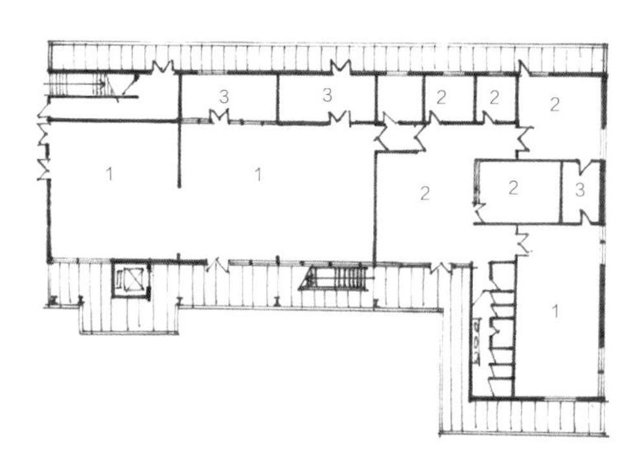

建筑首层平面图

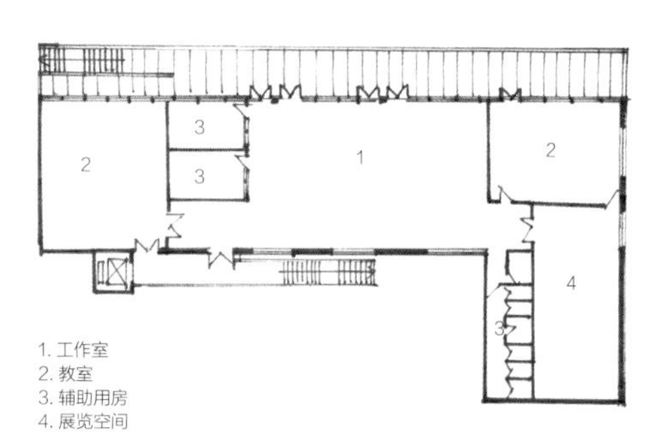

建筑二层平面图

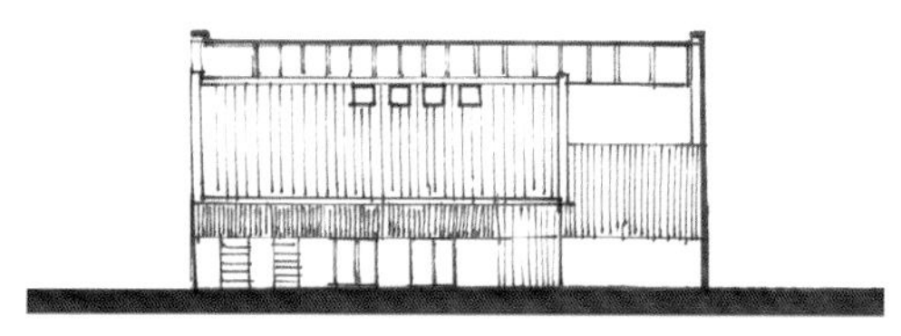

建筑立面图一

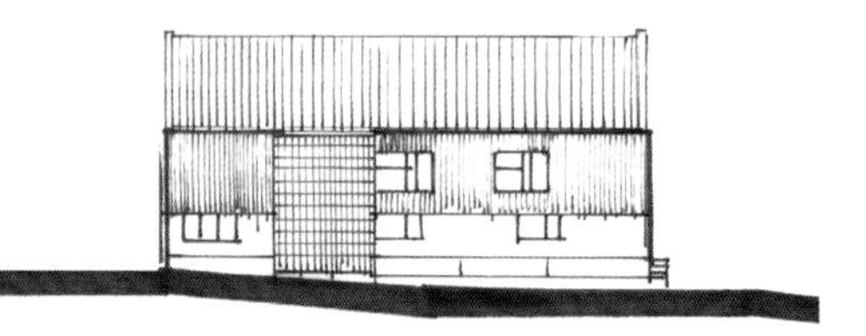

建筑立面图二

5.4 日本千叶弥森幼儿园 / Aisaka 建筑工作室

日本千叶弥森幼儿园坐落在日本船桥市，建筑设计理念是为 160 名儿童提供足够大的户外玩耍空间，并让所有的家长和幼儿园工作人员感到安心。幼儿园以三维式环形结构环绕出建筑形体，并设计了趣味性极强的屋顶阳台。从总平面基础与要素表达的角度上看，可以总结归纳出以下要点。

1. 围合布局

建筑场地南侧为入口驻留处，为幼儿家长等候区域，并通过置入办公室与厨房，分割活动室与入口的边界，以实现简洁性和安全性。建筑整体为“回”字形，围合型的布局将室外环境分为了外围的公共部分和内部的私密部分，不仅为使用者预留了充足的内庭院活动场地，也有利于紧急疏散，让儿童感受到来自围绕他们的自然环境的宁静与平和。

2. 内庭院

建筑通过露天平台、斜坡、楼梯和桥等要素，将中心庭院连接起来，丰富的庭院廊道与结构遮蔽，使得建筑空间内部的光影变化更加丰富，如高起的屋檐和一些屋檐下的狭窄的空间等，使光影成为建筑的主角，并为人提供安全舒适的环境。

3. 屋顶空间利用

建筑带有一个屋顶阳台，孩子们能够在屋顶上进行自由活动，在屋顶不同高度的空间里获得游玩的愉悦感受。同时，建筑师利用屋顶露天平台和蔬菜花园的设置为屋顶降温，最大限度地适应了自然气候，降低能源的消耗。

建筑外观

建筑庭院

建筑屋顶

不同高度的屋顶平台提供给孩子充满趣味的自由活动场地，同时形成空间层级丰富的第五立面。

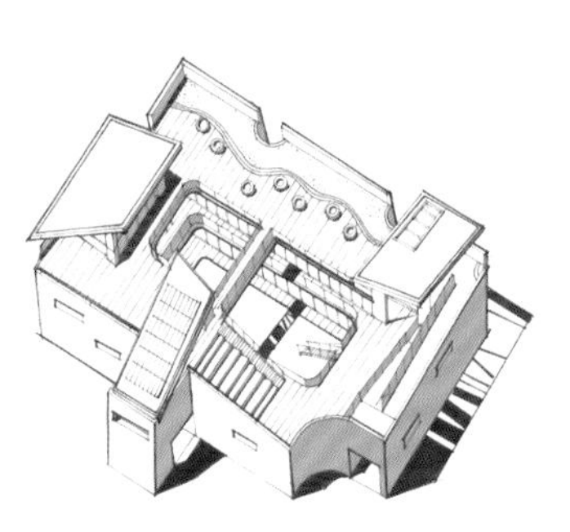

图片来源：https://www.archdaily.cn

建筑轴测

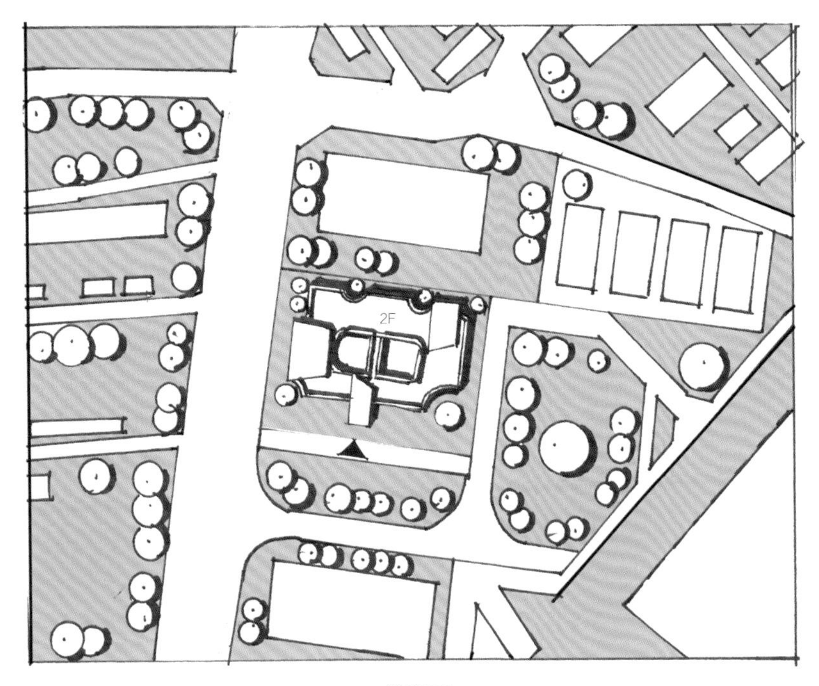

总平面图

建筑整体呈现围合的“回”字形，清晰界定了建筑内部的私密空间和外部的公共空间；同时，“回”字形围合形成的内庭院为使用者提供亲近自然的室外活动场地。

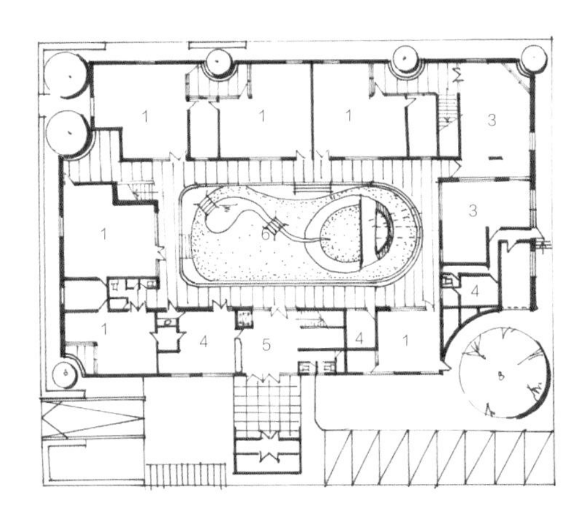

建筑首层平面图

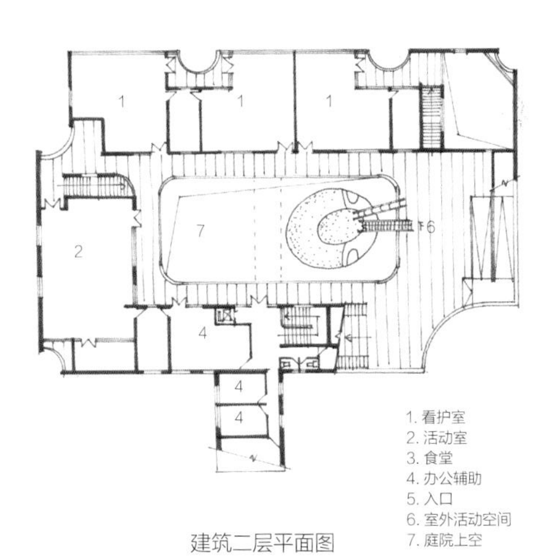

建筑二层平面图

1. 看护室
2. 活动室
3. 食堂
4. 办公辅助
5. 入口
6. 室外活动空间
7. 庭院上空

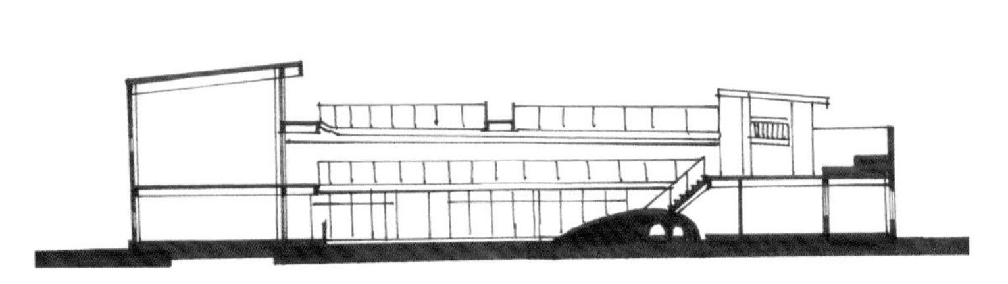

建筑剖面图

5.5 南开大学津南校区学生活动中心 / 麟和建筑工作室

南开大学津南校区位于海河大学教育园区的南部，作为天津滨海新城建设的重要组成部分，周边新建建筑及建筑群的大量、快速建设，取代了先前原生的耕地和鱼塘，建筑自身与其所定义外部空间的尺度也越来越大，城市建成环境呈现明显的同质化趋势。学生活动中心的设计，试图在这一现实建造状况背景下，提供一处异质的与自然融合的“乌托邦”。从总平面基础与要素表达的角度上看，可以总结归纳出以下要点。

1. 场地分区

建筑周围被湖面和低矮的林地环绕，建筑融于原有的自然场地，围合成的内院成为内部共同的景观庭院，并形成功能组织的核心，围绕着庭院布置的两部景观直跑楼梯将一至三层的各活动用房和公共空间联系起来，可步移景异地欣赏着内部封闭的景观环境。

2. 入口引导

学生活动中心主入口隐匿于建筑西侧靠近教学楼的校园街道旁，通过自然环境隔绝外界，与周边建成环境形成强烈反差，作为多向布局的建筑体量的一个分支，与环绕内院的公共走廊串联。

3. 次要路径

场地通过次要路径通向建筑次入口，形成动线贯穿场地。在公共走廊与内院之间的以片墙与透明玻璃幕墙穿插构成连接界面，贯通了南、北两个方向设置的大片玻璃幕墙“景框”，于开放和封闭之间对动线与视线进行了引导。

4. 建筑布局

主体建筑朝向景观面，大小不等的立方体量回应来自校园内不同方向的观察视角，实现建筑最大限度地与自然的湖面和林木交融。大小不等的立方体量围绕中心庭院做放射状组织，形成“簇集—发散”的整体形态，建筑在自然之中，回应着来自校园内不同方向的观察视角。

图片来源：https://www.archdaily.cn

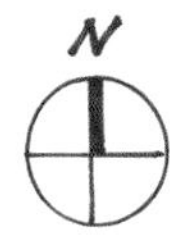

总平面图

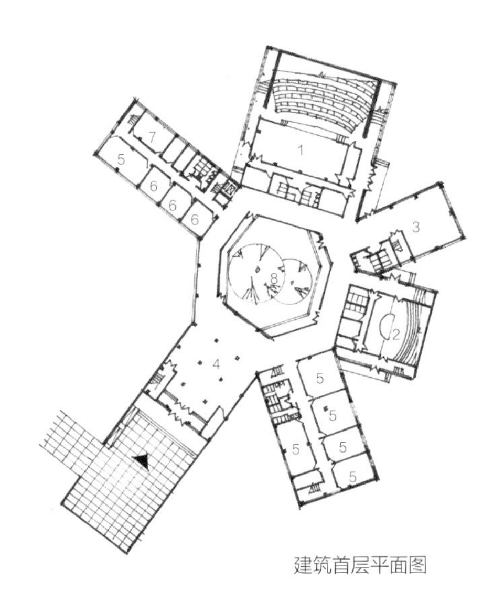

建筑首层平面图

建筑体量低矮，围绕庭院呈现放射状布局，内向的庭院成为建筑内部的景观庭院与功能组织核心；放射状的布局，提供给建筑主体最大限度的景观面。建筑体量低矮，被湖面与林地环绕，实现与自然的交融。

1. 演艺中心
2. 小观演厅
3. 咖啡厅
4. 服务大厅
5. 活动室
6. 办公室
7. 辅助用房
8. 庭院

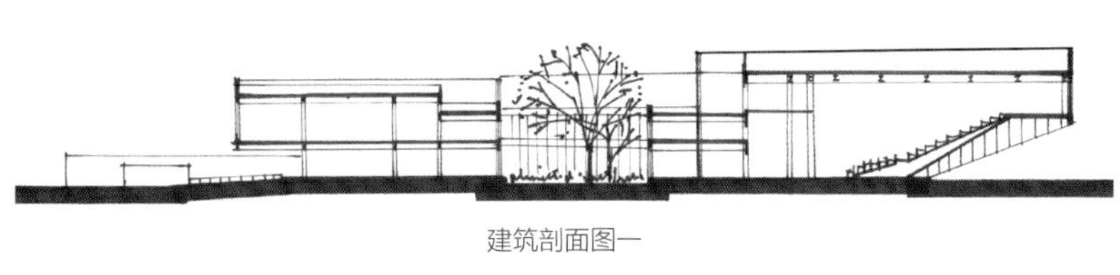

建筑剖面图一

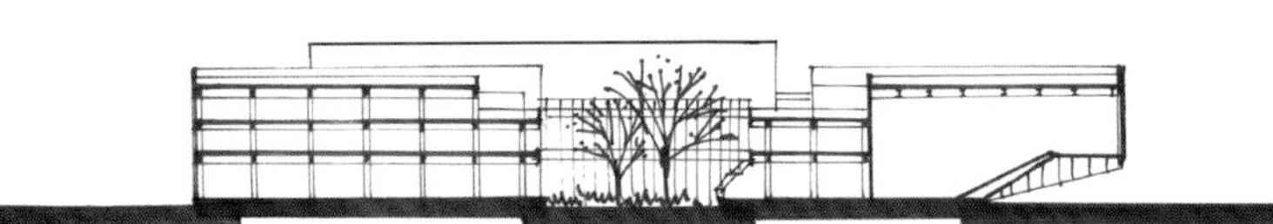

建筑剖面图二

5.6 苏州东原千浔社区中心 / 山水秀建筑设计事务所

苏州东原千浔社区中心位于苏州市相城区，北面是黄桥镇，东西两面是其他住宅用地，南面一路之隔是虎丘湿地公园。社区中心位于整个用地的东南角，与两条城市道路相邻。相较于边缘化的且“不开放”的公共服务社区，建筑师希望依靠建筑本体的力量来回应并改变这个消极的外界设计条件。从总平面基础与要素表达的角度上看，可以总结归纳出以下要点。

1. 场地分区

建筑以苏州庭院生活为载体，与湿地公园的自然气息进行了对话，满足建筑内在的开放活动需求，景观在前，建筑主体居中，停车在后，营造出了一个兼容社会性和自然性、兼具凝聚力和开放性的社区活动场所。

2. 路径设计

建筑靠西的位置，因与小区相连，所以设置了设计了一条南北向的主要步行通道，主入口步行流线直截了当，而东南角提供了另外一条步行通道，路径曲折，景观性强，建筑整体居于中部，前庭后院布置，因“后院”与城市道路相连，所以设有停车位，使得车与人分流，利于社区活动中心的使用。

3. 建筑形态

建筑采用“叠墙深梁”体系，整层的结构墙通过上下交叠，形成了一种特殊的空间秩序：墙体是围合性的，可以划分出不同的空间，空洞则是开放的，可以连通不同的空间，屋顶连续的筒壳在内部造就了两种体验的融合，在外部以波浪状的山墙形式隐喻水与江南传统建筑风貌。

4. 内院空间

空间结构中交替出现的实墙和洞口让建筑与自然渗透相融，形成相互渗透的庭院聚落。建筑功能和步行动线通过庭院的划分各得其所，也通过庭院之间的空间流动被联系在了一起。

建筑外观

建筑入口

图片来源：https://www.archdaily.cn

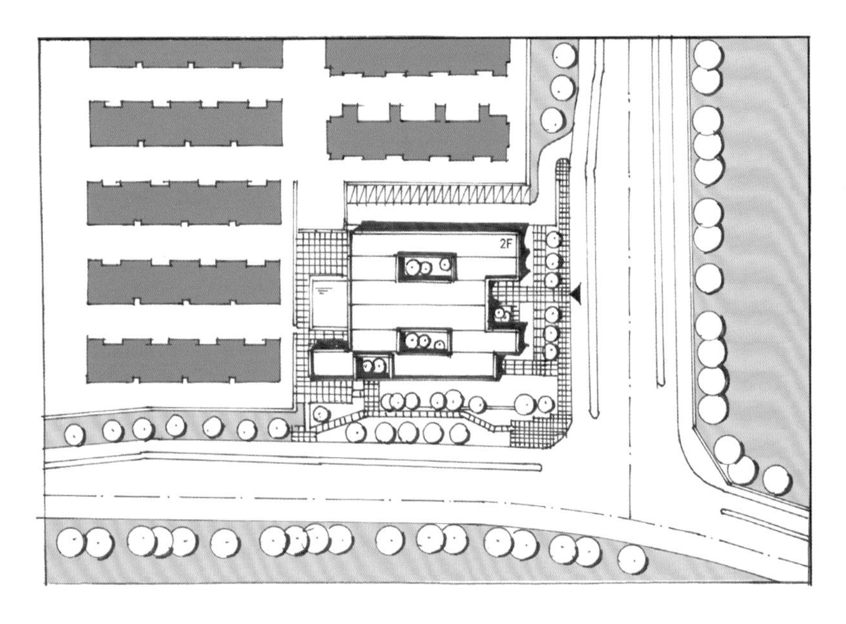

建筑总体布局满足开放性的功能需求，同时呼应基地条件，形成景观在前、建筑居中、停车在后的场地布局；同时，呼应地域文化，以苏州庭院生活为载体，灵活运用波浪状屋顶和庭院，让建筑与自然融会贯通。

总平面图

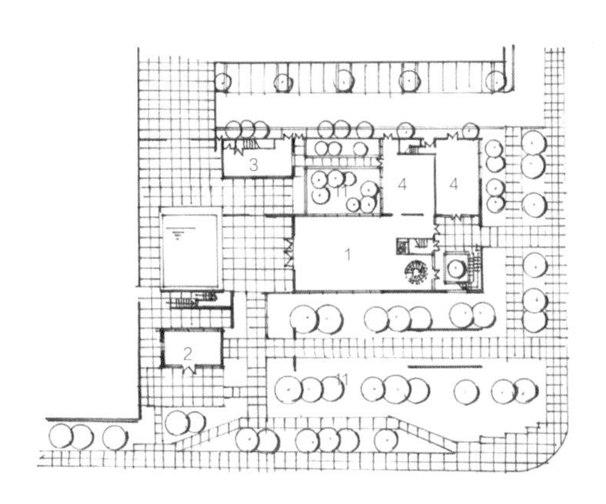

建筑首层平面图

1. 艺术展览区
2. 商店
3. 家庭活动室
4. 休息区
5. 图书室
6. 咖啡厅
7. 活动室
8. 健身中心
9. 管理办公

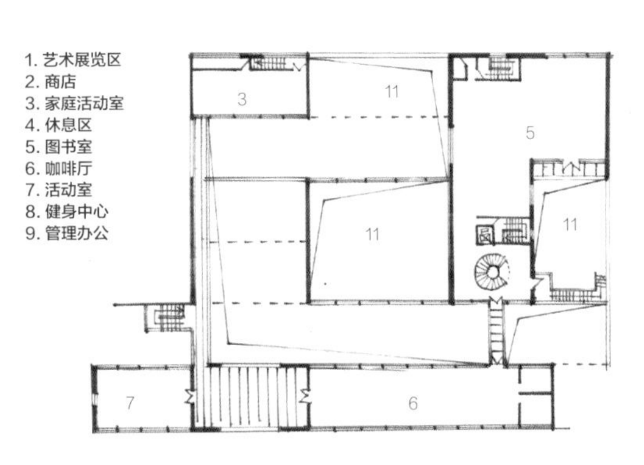

建筑二层平面图

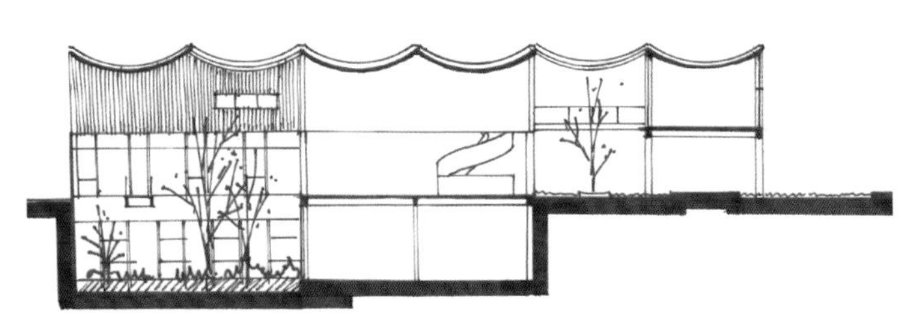

建筑剖面图

6 快速设计作品评析

6.1 城市更新设计（一）

本题为对位于城市中心区的城市更新地块进行城市设计，地块形状不规整，因而需要考虑建筑的总体布局与肌理关系。基地分为南北两个地块，也需要考虑两个地块之间的空间联系，同时注意建筑退界与建筑限高。就该方案的总平面与场地设计来看，建筑整体统一于弧线母题，场地轴线明确，可读性强。

1. 母题法

方案采用了弧线母题，重复的母题可以形成规律有序的行进流线，有利于建筑的整体统一性。建筑组团的外轮廓沿外部道路退界后，依旧保持规整形态，建筑内部通过弧线的异形处理，产生出有机的建筑肌理，增强了建筑形态的韵律感与丰富度。

2. 轴线法

设计者以两条主轴线，在分隔的地块内建立起相应的轴线关系与视线通廊，增强了不同的组团之间的关联度。轴线法的采用，结合步行路径的有机穿插、轴线上的节点设定、标志性建筑物的中心性设立，使整个场地有机统一。

3. 外部场地设计

方案基于城市设计的视角设定了场地内部路径，与城市外环境形成了既区别又联系的内在关系，形成了强烈的设计意向。节点与路径相连续，通过环绕的庭院空间，达到步移景异的空间观感。同时将自然景观与人为景观密切结合，消解了建筑体量的人工尺度。建筑外部场地的设计富有变化，层次感深。

4. 辅助空间

方案采用了点状的组合模式，辅助空间散落布置在平面流线中，提供了快捷有序的竖向交通。

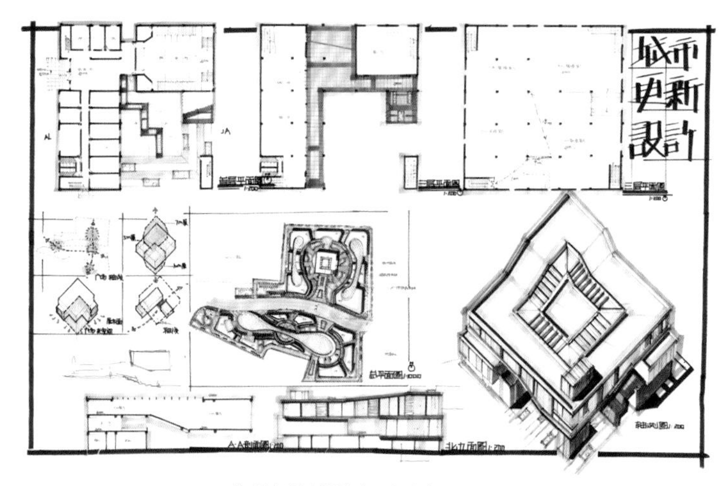

作品表现 / 设计者：任存智

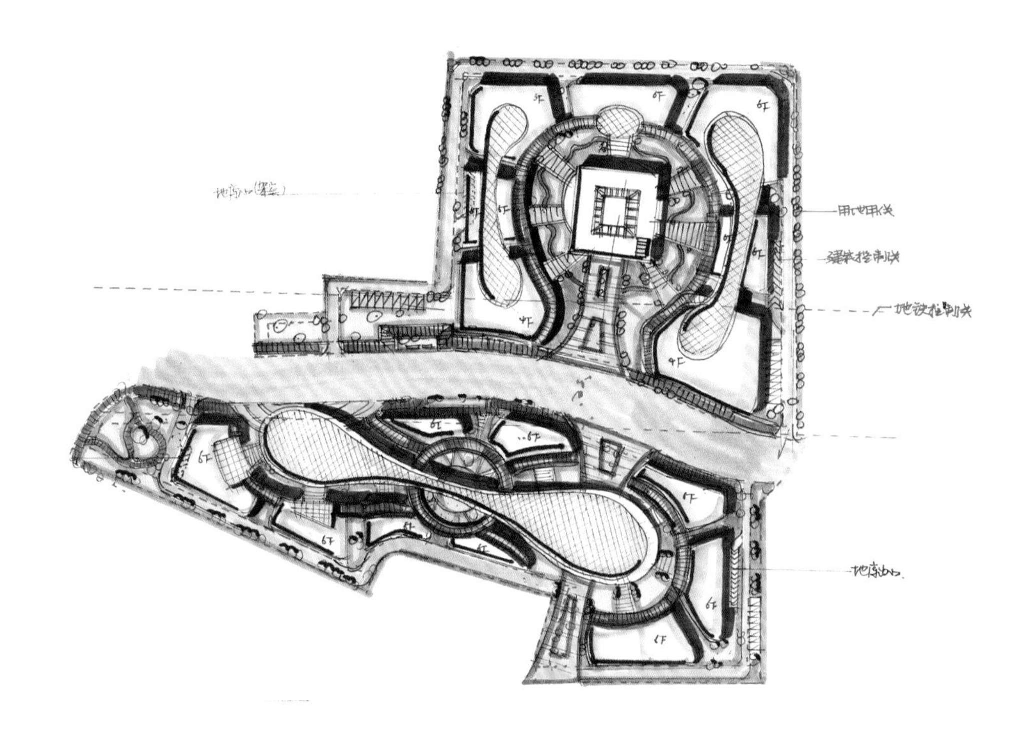

总平面图

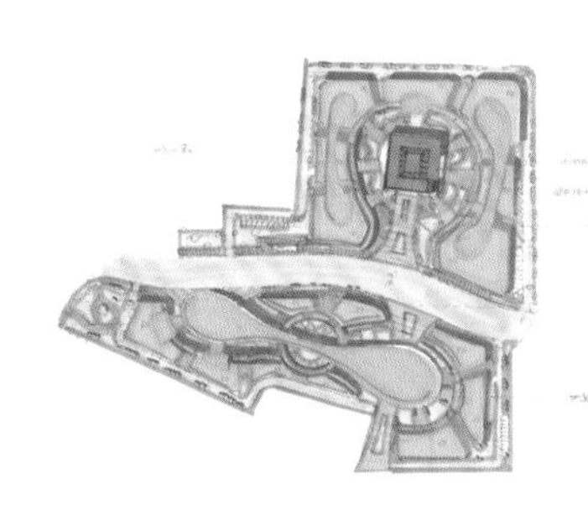

建筑以围合的形式沿场地边界排布，呼应了基地形态。围合的体块内部防止两个地块的核心建筑，主次分明。

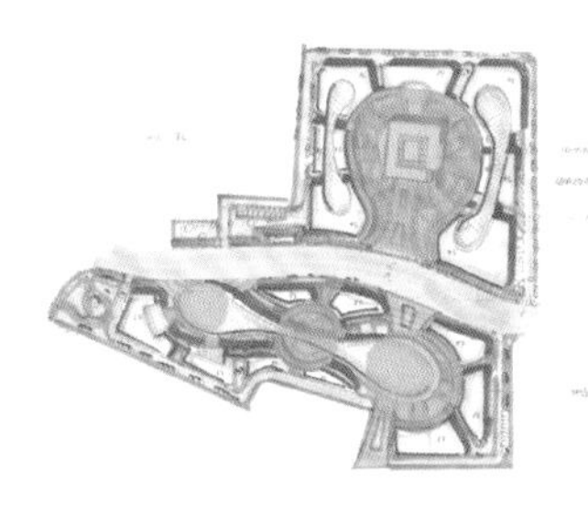

场地设计运用了弧线母题，在两个地块内形成了呼应。弧线也成了场地轴线设计中的节点元素。

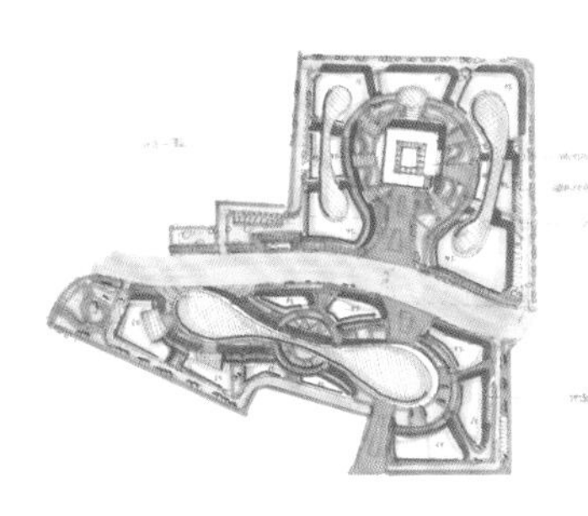

场地入口引导路径尺度加宽，并用水池提升景观性，具有显著的引导作用。

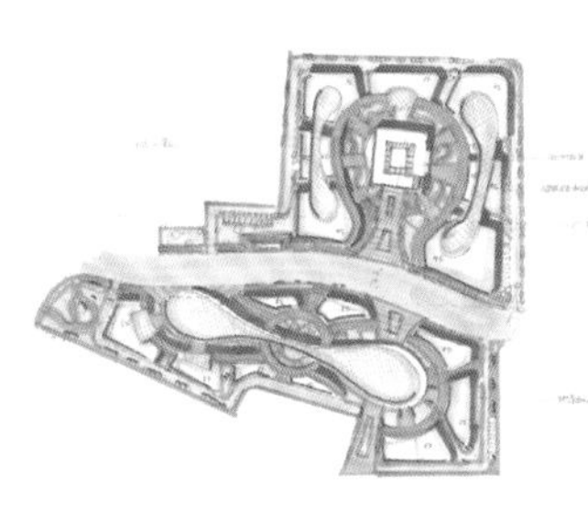

利用场地中的弧线布置了贯穿整个场地的路径，与建筑形态结合紧密。

分析图

6.2 城市更新设计（二）

本题为对位于城市中心区的城市更新地块进行城市设计，地块形状不规整，因而需要考虑建筑的总体布局与肌理关系。基地分为南北两个地块，也需要考虑两个地块之间的空间联系，同时注意建筑退界与建筑限高。就该方案的总平面与场地设计来看，平面图形辨识度高，空间线索明确。

1. 轴线法

设计者以几条倾斜轴线划分场地，赋予场地秩序与理性的空间内核。主轴线的设定连续了两个地块，并在其中形成了对称空间，基于笛卡尔式的斜坐标轴进行的场地划分，衍生出强烈的空间感受。

2. 网格法

建筑组团整体统一于网格，有序地划分了场地。网格法对于场地流线设计以及建筑功能分区起到了重要作用，平面网格的组织形式使若干个规则建筑母题形成了线型的图形序列整体。

3. 围合组团

轴线扭转下，建筑与场地形成了既区别又联系的有机关系。场地内建筑组团被网格所统一，整体肌理形成了纯粹的几何形态。组团采用围合式布局，自发产生出内部庭院，有效提升了建筑组团内空间的品质。

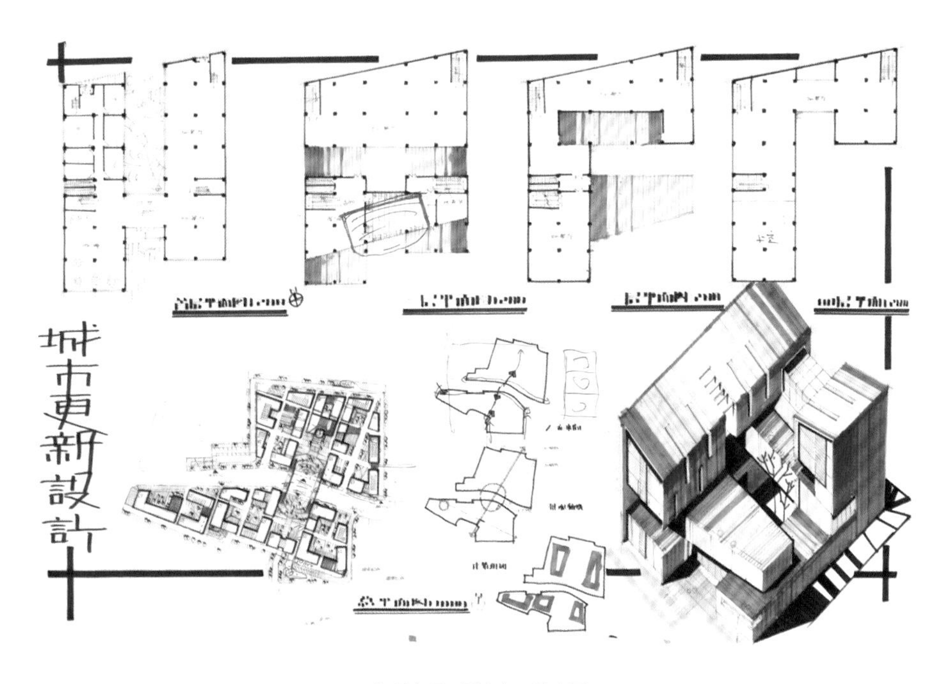

作品表现 / 设计者：黄晓军

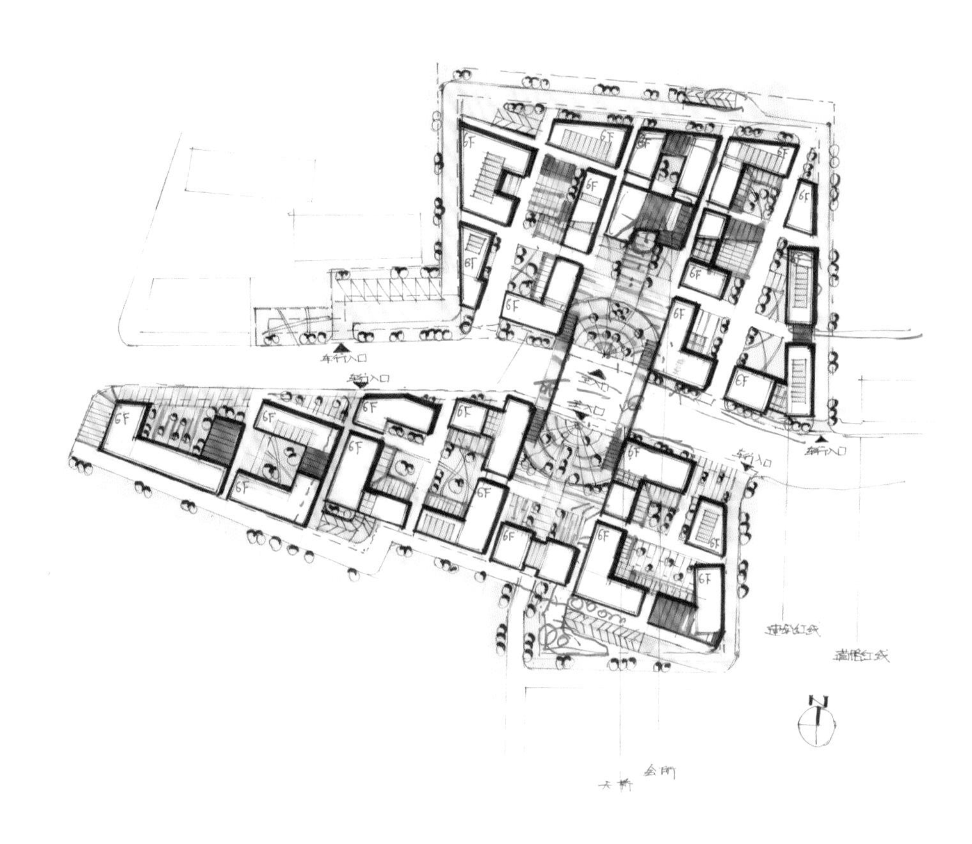

总平面图

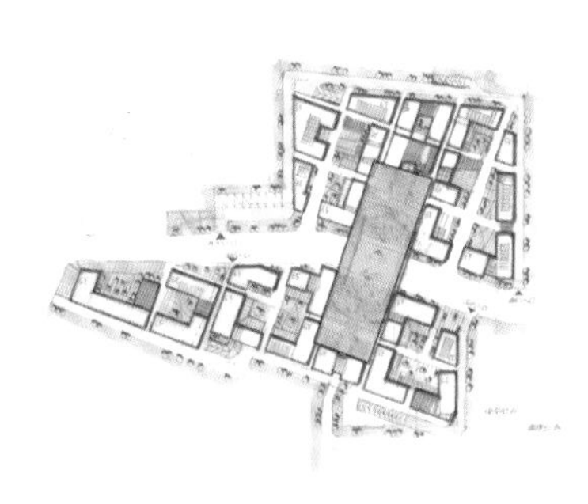

场地入口路径通过尺度加宽，节点加入和景观置入的方式形成了强烈的呼应，使两个地块产生了紧密的联系。

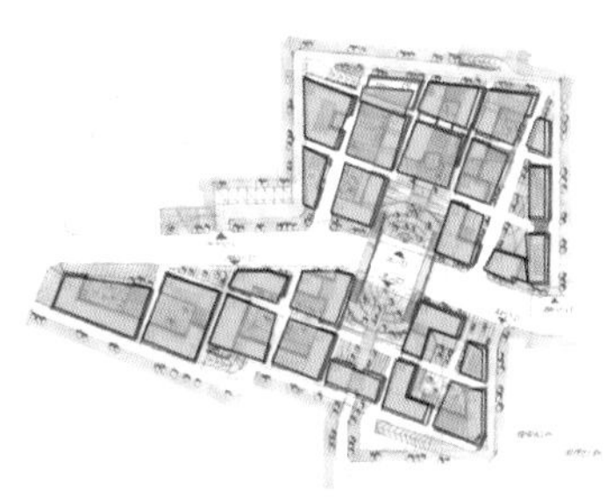

建筑布置采用了网格划分，保证了各个建筑体量的均衡性。

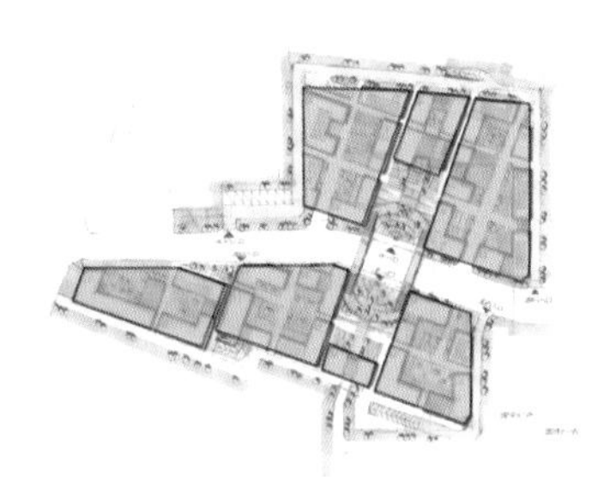

建筑通过形态调整在场地中形成了若干建筑组团。

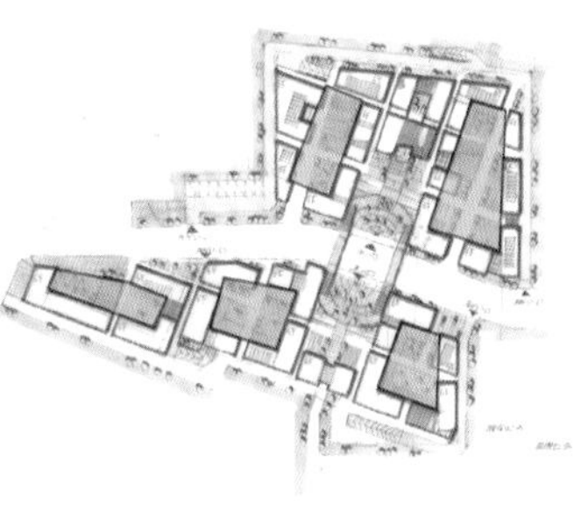

调整的建筑形态在组团中形成了具有围合感的庭院，使场地中的室外空间富有层次感。

分析图

6.3 商办综合体设计（一）

本题中的商业及商业办公综合体设计基地分为东西两个地块，中间有一条河流穿过。因而需要考虑两个地块之间的交通与空间联系，同时需思考建筑与河道以及东南侧大型商业中心之间的关联性。也应注意地块北部与西部的地铁线及其出入口和建筑限高。就该方案的总平面与场地设计来看，轴线关系清晰可辨，场地层次丰富。

1. 轴线法

方案通过一条主轴线联系地块，各构成要素之间关系明确。在建筑形态上对东、西地块进行了统一设计，五条景观轴线的设计增强了地块之间的互动，与里双阳港形成了良好的视线关系。

2. 围合组团

建筑组团所围合的中央广场融合成为商业办公综合体的一部分，西侧 U 形组团与东侧地块内 V 字形商业办公综合体的内向性围合，形成向心形式，产生出内部庭院，加强了建筑组团的整体性与围合感。

3. 呼应场地

设计者在空间上通过主入口大台阶的手法，形成了城市和河道的穿透联通。同时通过逐级堆叠式植栽退台呼应了河流，结合屋顶绿化柔化了建筑边界。滨水空间的设计增强了场地与环境之间的对话关系。

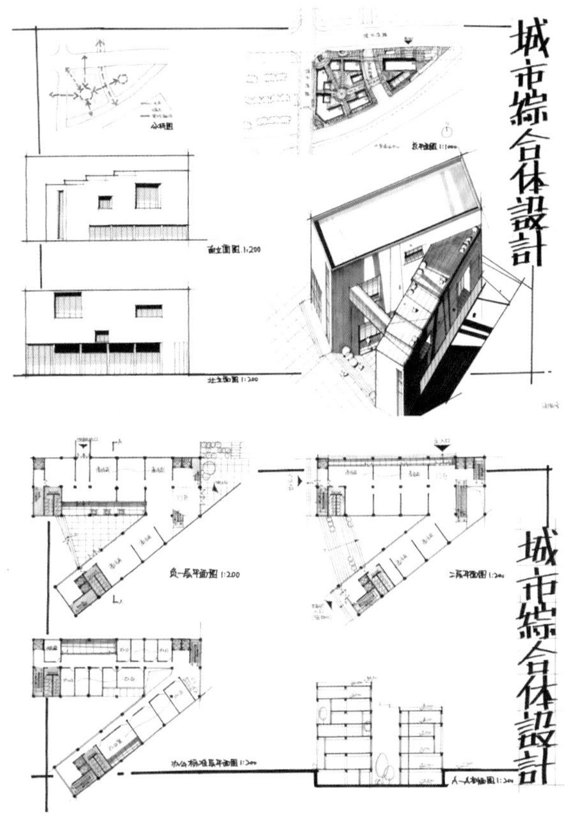

作品表现 / 设计者：朱傲雪

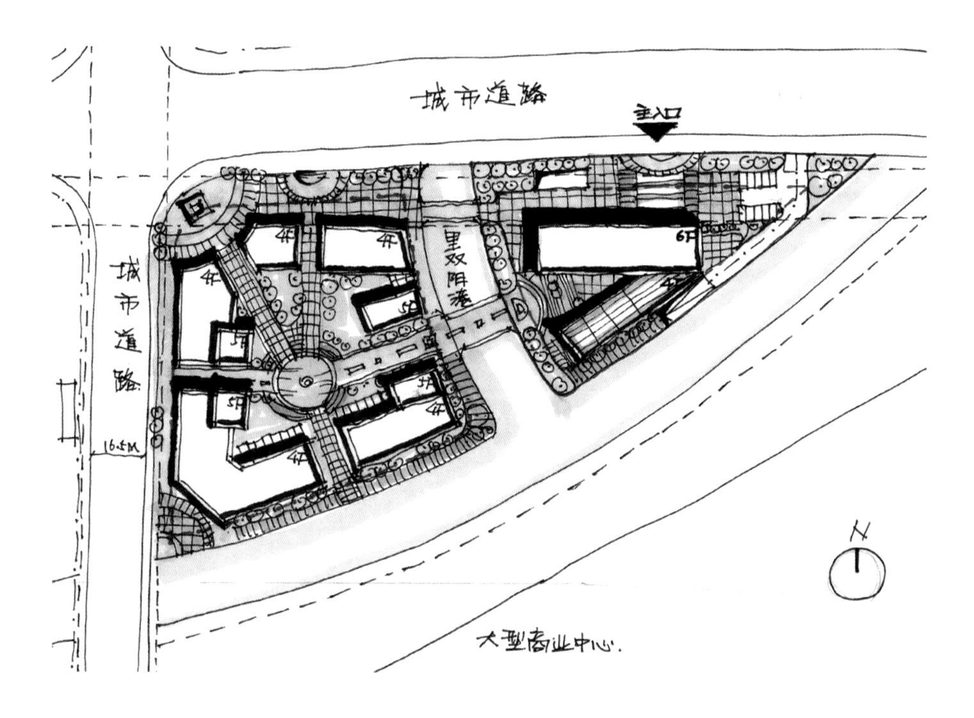

总平面图

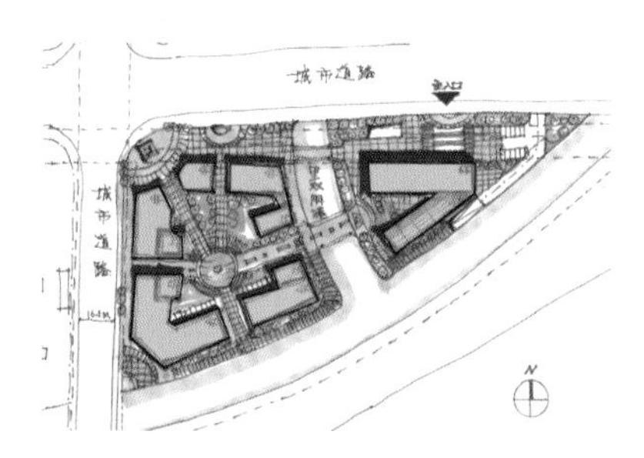

建筑以围合的形式布置在场地中，呼应了场地边界，不连续的建筑形体增强了空间的渗透性。

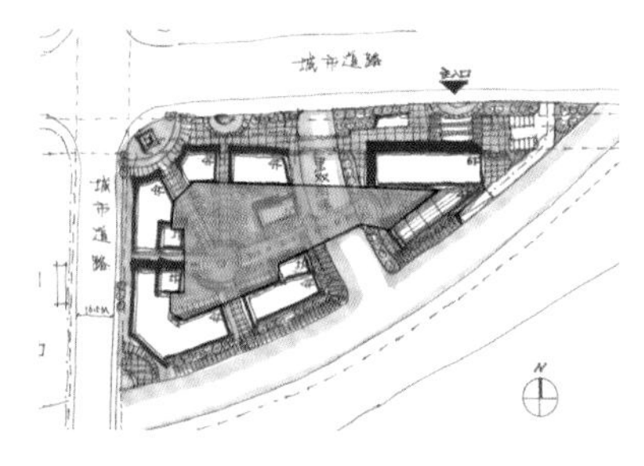

围合的建筑形体在两个地块中形成了形态完整的庭院空间，建立了两个地块的联系。

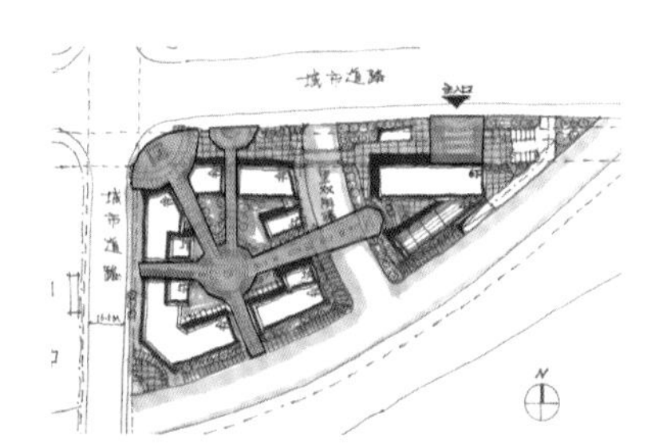

主要路径通过材质变化，尺度增加及加入节点的方式增强其引导性。

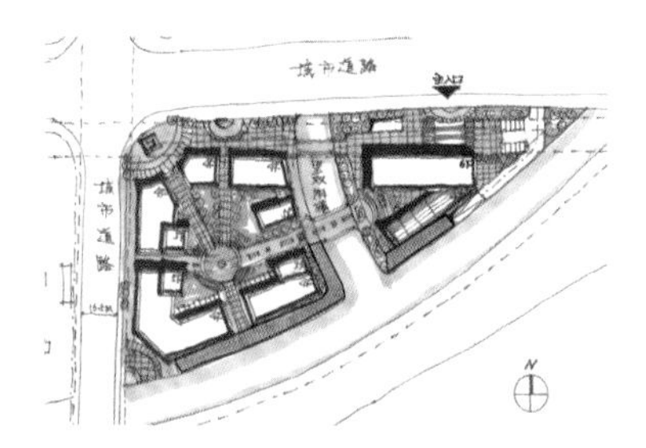

场地在细节上呼应了河流，利用木栈道营造滨河步行环境。

分析图

6.4 商办综合体设计（二）

本题中的商业及商业办公综合体设计基地分为东西两个地块，中间有一条河流穿过。因而需要考虑两个地块之间的交通与空间联系，同时需思考建筑与河道以及东南侧大型商业中心之间的视觉呼应。也应注意地块北部与西部的地铁线及其出入口和建筑限高。就该方案的总平面与场地设计来看，轴线逻辑清晰，建筑肌理趣味性强。

1. 元素叠加

设计者采用方形与圆形元素叠加的设计方式，基本形的运用产生出简洁清楚的建筑意向。同时在圆形的商业空间顶部设置屋顶平台，在提供舒适休憩空间的同时，与 A 地块内商业建筑围合出的圆形中心广场产生了形式呼应。

2. 轴线法

不同轴线引导的人流存在着量的差异，地铁作为主要人流来向在设计中得到了体现。A、B 地块各自的核心空间被一条跨越地块的轴线相联系，促进了参观者沿轴线方向的空间运动。两地块内部的各自轴线设置同时加强了各自的空间特质，使人流得到向心性积聚。

3. 呼应场地

方案结合水体，营造出丰富的滨水空间。跨越河道的空中廊道加强了东西两个地块之间的联系与呼应关系，与里双阳港衍生出亲密的空间与视线关系。

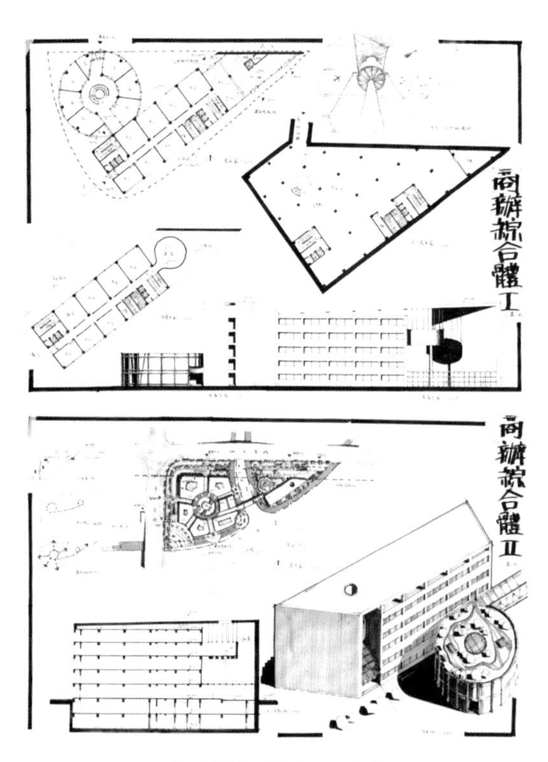

作品表现 / 设计者：丁蒙成

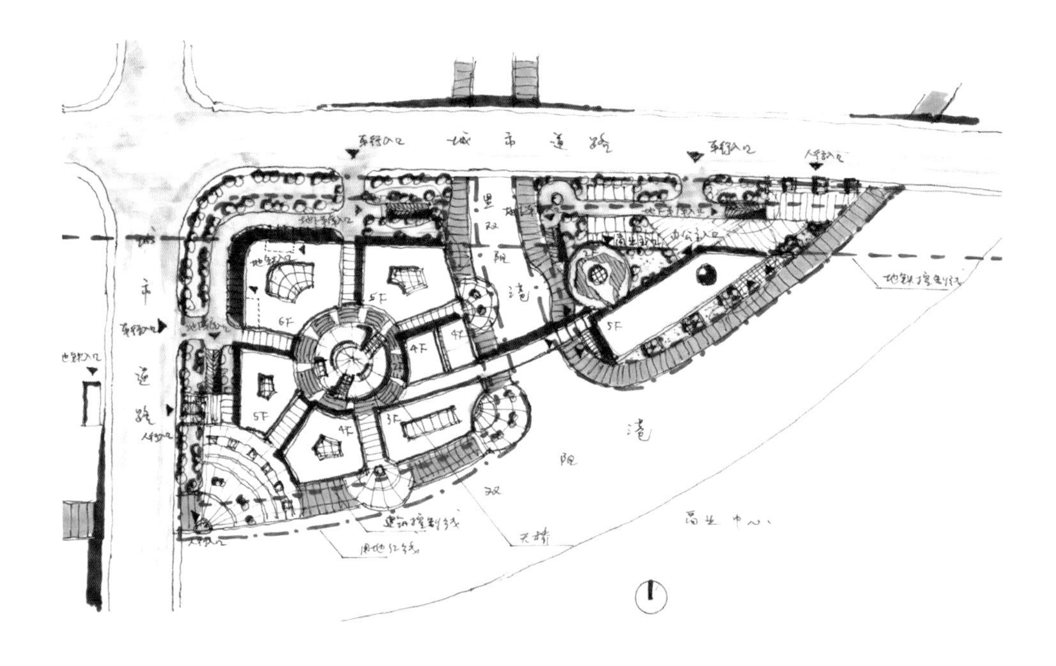

总平面图

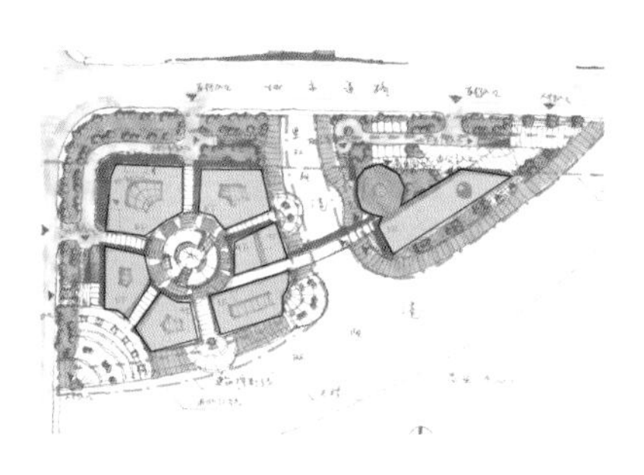

两个地块的建筑布局逻辑相对独立。西侧地块采取围合式布局，东侧地块将建筑置于场地一侧。

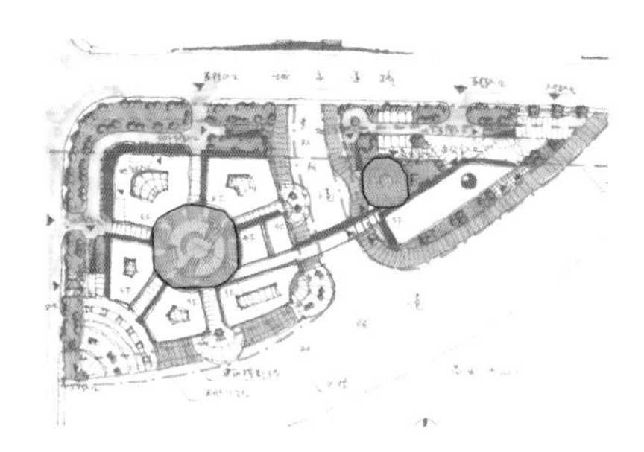

两个地块都出现了圆形元素——西侧的庭院与东侧的建筑体块，使两个地块间具有了统一联系。

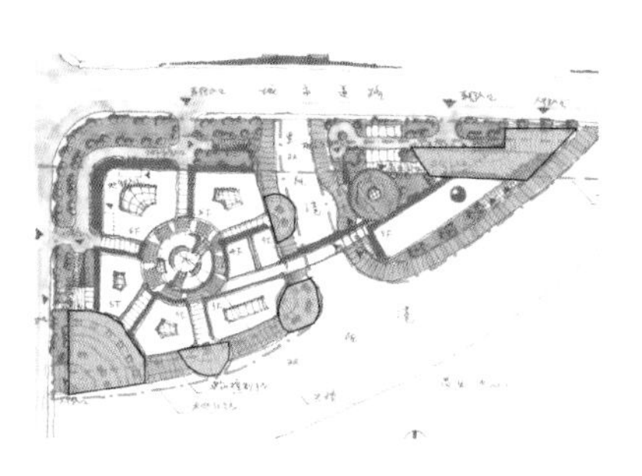

节点的置入加强了路径的引导性，建筑入口前的广场与铺地纹理也起到了强调入口空间的作用。

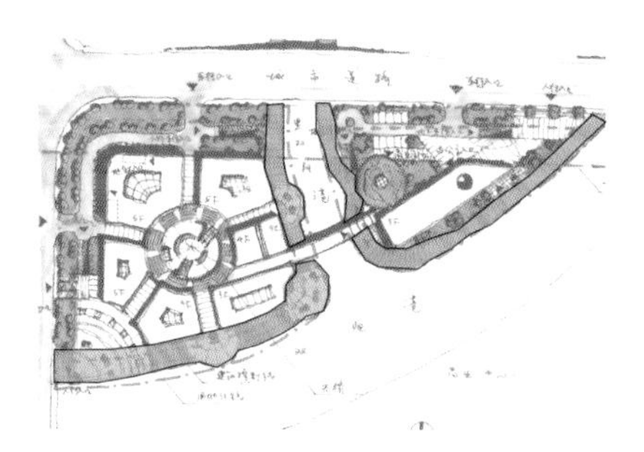

滨水步道沿河设置，加强了场地与环境的对话。

分析图

6.5 滨水创意园区企业家会所设计

题目中的企业家会所建于滨水区域的创意产业园区中，场地内遗存有 3 个工业时代废弃的混凝土结构圆塔，因而需要考虑园区总体布置，注意与混凝土圆塔以及场地环境景观的关系。基地东侧桥面与滨水步道存有一定高差，在会所设计的同时应注意设置观景平台，完善与桥面人行道及滨水步道的连接。

就该方案的总平面与场地设计来看，轴线逻辑清晰，布局合理。

1. 轴线法

场地轴线结合场地主次入口进行设计，两个正交的十字形轴线追随梯形地块形式，在场地内进行偏转叠加，引入人流的同时，有效划分了场地空间。

2. 围合组团

设计者以条形建筑结合基本单元围合出了两个主要的庭院空间，场地南北两端的广场设置通过内部路径得到了连贯，并激活了企业家会所与办公建筑的核心功能。

3. 呼应场地

企业家会所建筑在二层设置了观景平台，作为城市公共空间，与步行桥与滨水步道产生了密切联系。曲折流转的滨水步道结合亲水休息长椅的设置，塑造出亲和的尺度，呼应了城市景观。

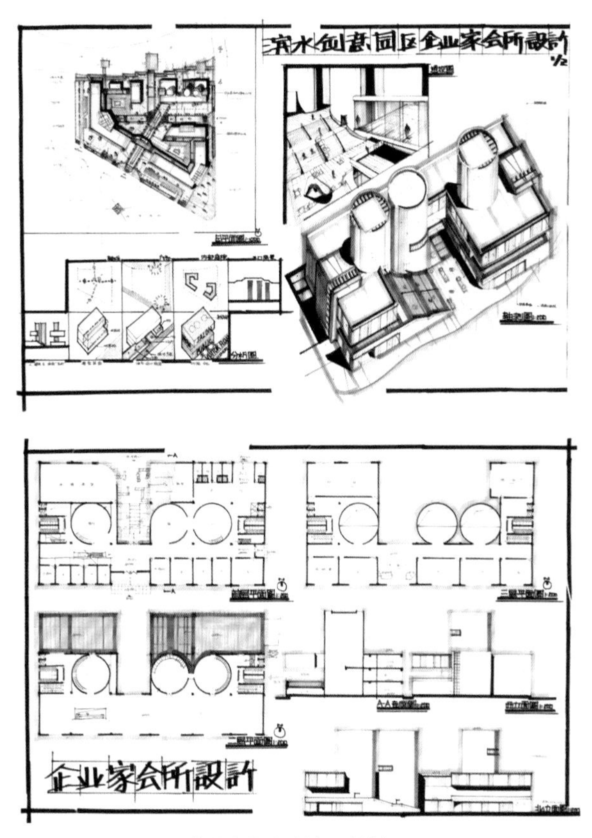

作品表现 / 设计者：任存智

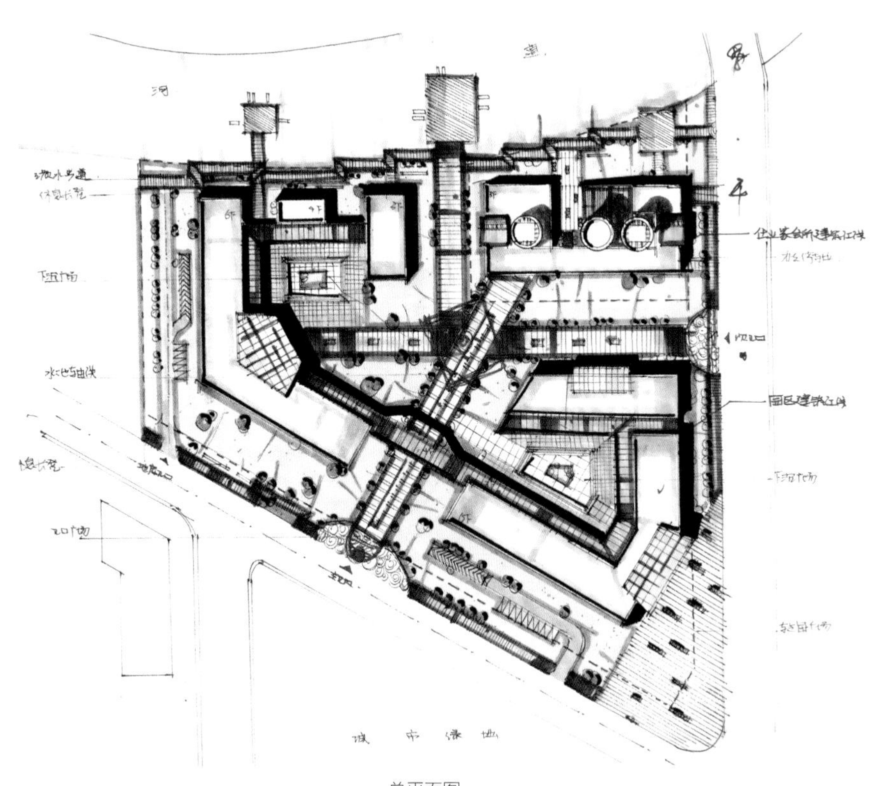

总平面图

建筑以围合形式布置在场地中，呼应场地边界。

每个组团的建筑再次围合形成内庭院，丰富了室外空间层次。

主要路径起到了划分场地的作用，轴线交汇处可设置放大节点进行更为和谐地过渡。

室外木质天桥串联了各个建筑，也丰富了步行系统。滨水区域设置木栈道与亲水平台，加强场地与环境的联系。

分析图

6.6 城市规划馆设计

题目中的城市规划展示馆设计，紧邻市体育中心与中心横河景观，应注意尊重城市原有肌理并思考与中心横河的有机关系。同时，应考虑体育公园与规划展示馆的整体布置、体育公园的场地内部设计、场地出入口以及机动车停车位的设置。就该方案的总平面与场地设计来看，场地内层次丰富，空间逻辑清楚，轴线明确。

1. 轴线法

设计者将轴线作为串联场地节点序列的线索，以轴线法划分场地。结合水景进行轴线设计，在主要人流来向设置节点吸引人流，路径与水体相连续，促使狭长形条状场地得到有序连贯。

2. 母题法

弧线母题在场地内得到重复性使用，产生了韵律感。规划展示馆呈现出流线形建筑形体，与水体景观的自由形体相结合，同时也与场地内景观的自由布局进行了呼应。

3. 场地设计

设计者以自由形态划分场地，平面流动性强，产生出符合公园特质的公共空间形态。

4. 呼应环境

场地内融入水体，建筑与水体呼应，景观设计和各类小品点缀其间，形成了丰富的趣味空间。

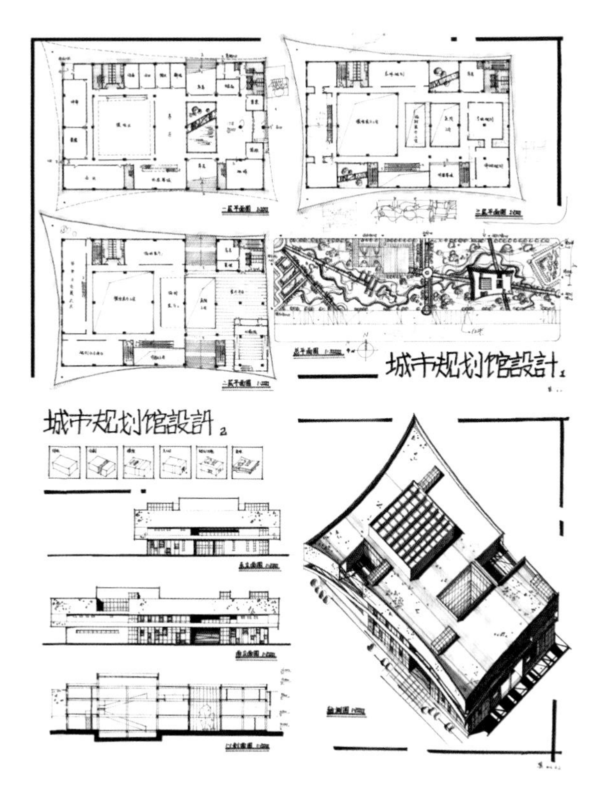

作品并表现 / 设计者：冀昱蓉

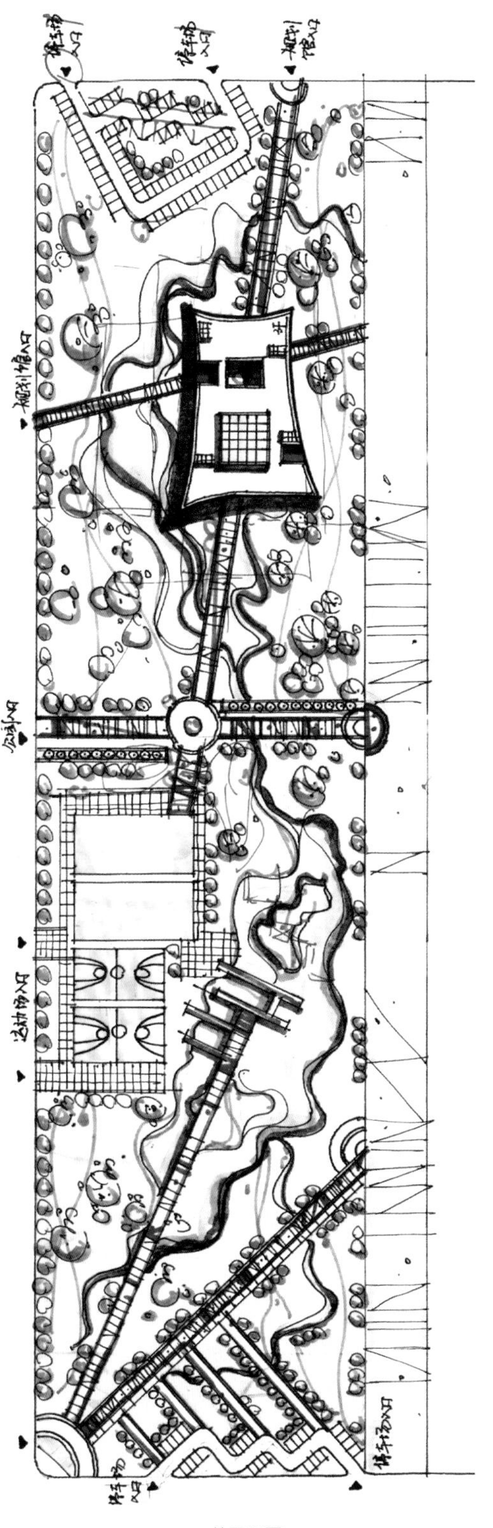

总平面图

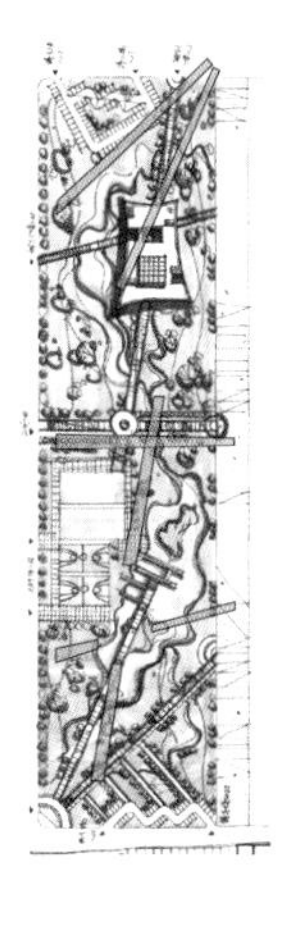

斜线元素贯穿场地，成为场地中主要的引导路径。

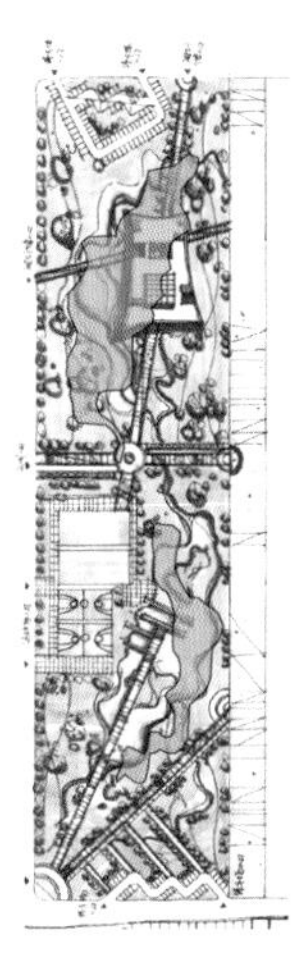

自由的水面所形成的弧线与斜线的硬朗形成了鲜明的对比。

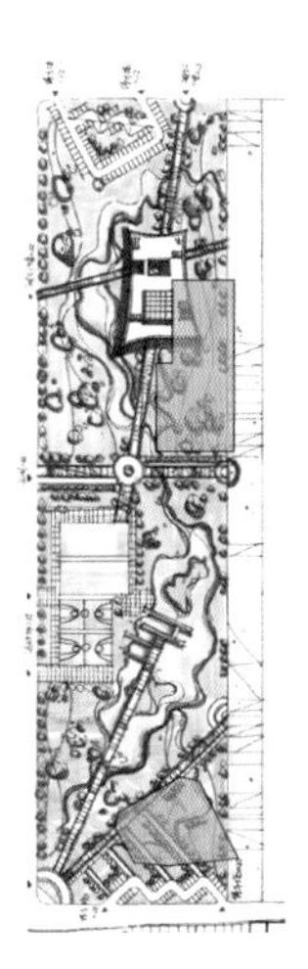

体育场地结合公园的优美环境，停车系统结合城市道路，二者完善了场地的设施。

分析图

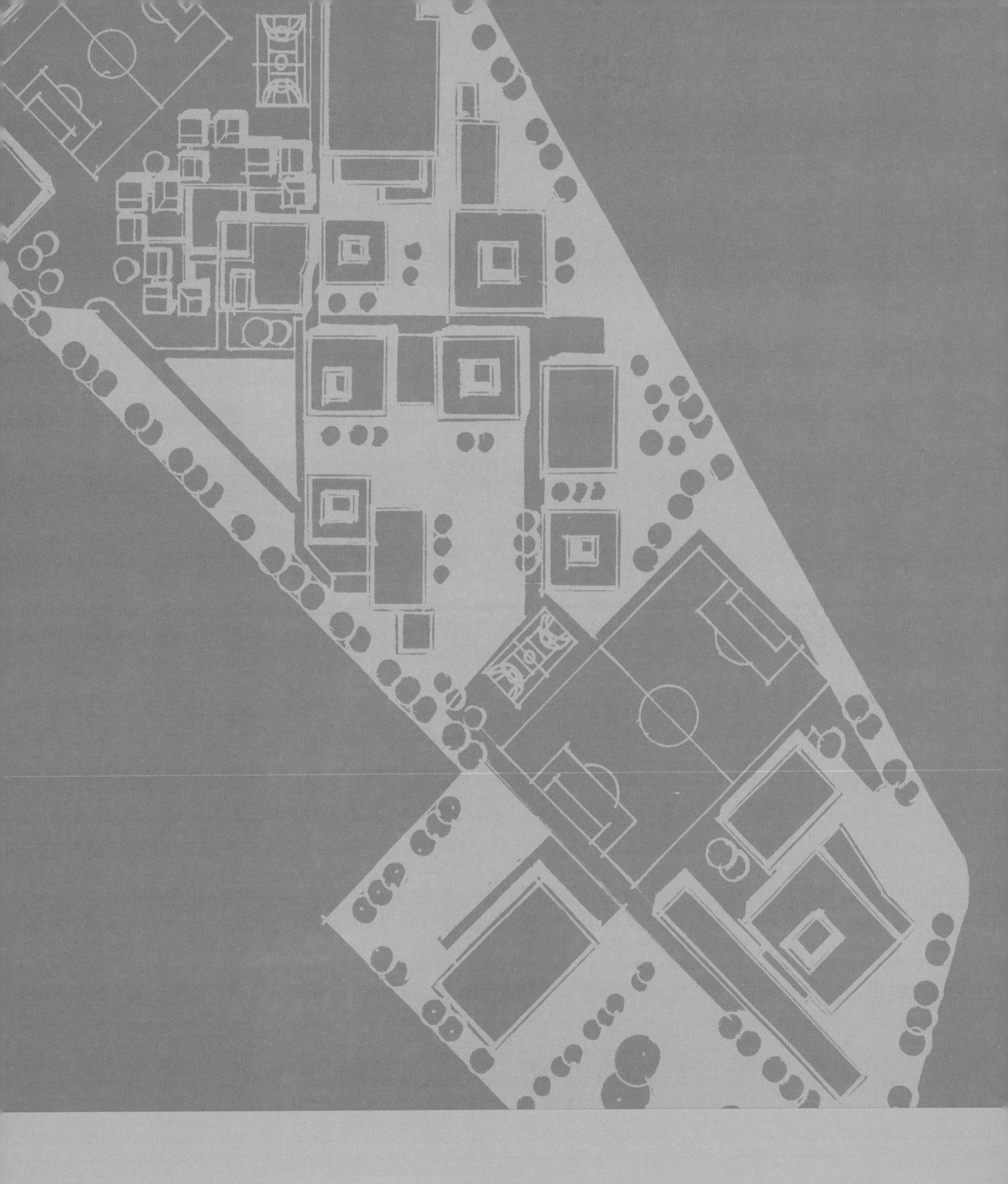

PART 2

下篇 场地形态与建筑布局

7 场地形态概述与分类

7.1 规则场地

在快速设计中，一般把场地形态方正化，无明显非正交边界，且地面较为平整的场地称为规则场地。在规则场地中，场地本身形态对于建筑布局限制较小，在其他环境条件都较为宽松的情况下，建筑形体也可以相对自由。但是如果场地周边环境有较多的限定时，例如有城市景观轴线、河流、城市建筑肌理等元素限定，建筑布局也将会根据具体情况作出回应，而不宜过度自由（图 7–1）。

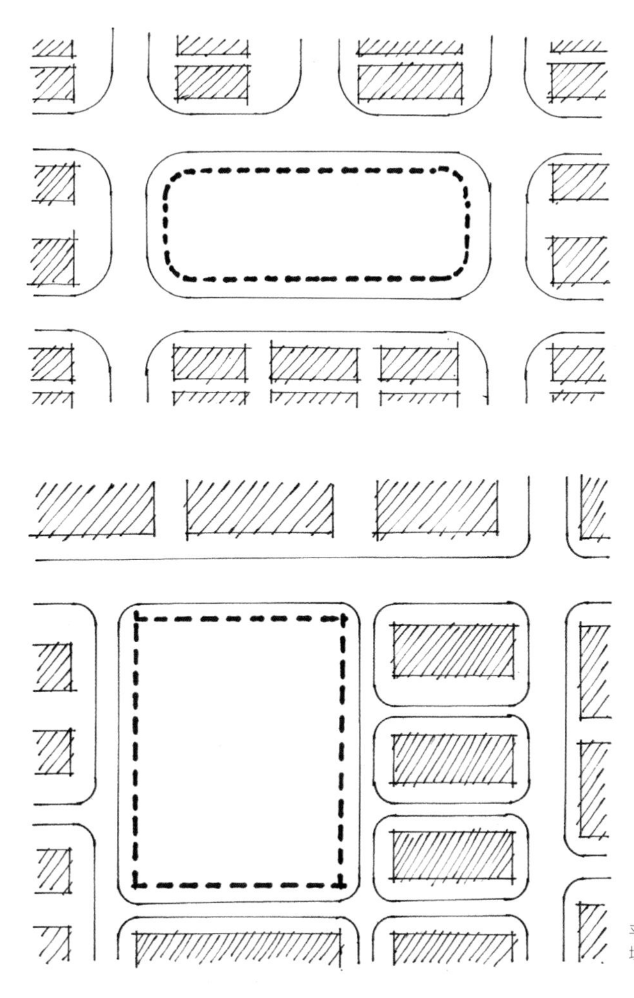

平面形态规则，周边肌理均质，并且地形平坦无明显高差的场地可以称为规则场地。

图 7–1　规则场地示意

7.2 不规则场地

在方案设计中，场地的形态常常由于周边环境的限制而呈现出“非规则”形态。在这种基地条件下，建筑形体和平面组织都不再像“理想基地形态”那么规整，而需要根据场地中的各种形态限制作出相应的调整，来获得建筑与场地乃至城市环境的和谐关系。

在快速设计中，不规则的场地的特征可以从平面上和竖向上进行体现。

7.2.1 平面特征

不规则场地的特征在平面上表现为具有非正交化的围合边界。场地边界的形成主要是由于城市道路或者现存建筑的限定，由于城市道路网络和建筑形体的非正交化，基地轮廓也会出现斜边，从而形成三角形、梯形或其他非常规的多边形形态。场地的边界还有可能由自然环境限定，如河流或者自然绿地，此时场地的边界也会呈现出较为有机的曲线或者是无规律特征的自然界限（图 7–2）。

7.2.2 竖向特征

在垂直方向上，不规则场地的特征主要表现在底界面高差的存在。当场地位于山地、台地或者洼地时，在底界面上就形成了高差。在判断场地是否具有高差时需注意阅读场地标高与等高线。等高线排布较密的区域地形高差变化越强烈，排布稀疏的区域地形较为平缓（图 7–3）。

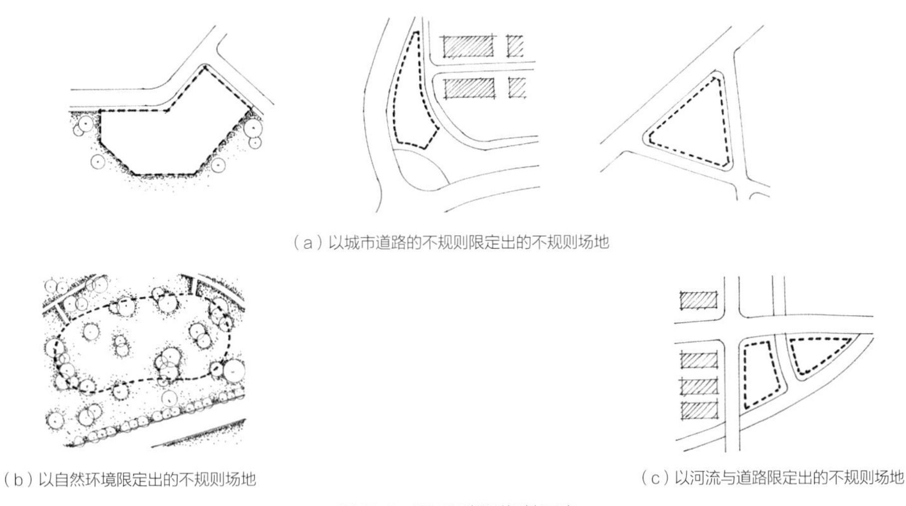

（a）以城市道路的不规则限定出的不规则场地

（b）以自然环境限定出的不规则场地

（c）以河流与道路限定出的不规则场地

图 7–2　平面不规则场地示意

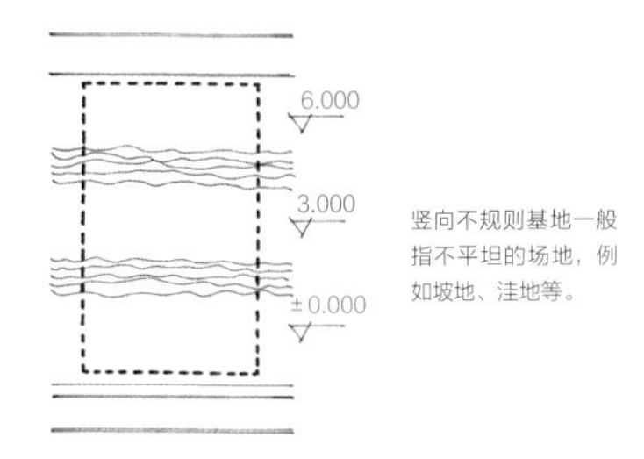

图 7–3　竖向不规则场地示意

8 规则场地的布局策略

8.1 集中

建筑可以将所有功能空间集中化排布，从而在场地中形成一个形态较为集中的建筑体量。

8.1.1 中心化布局

建筑可以置于场地中心，形成“中心化”的布局。此布局形式可以起到凸显建筑主体、营造仪式感的作用。一般大型的展陈建筑、体育场馆或者图书馆都可以采用集中的布局形式（图 8-1）。中心化的布局强调中轴线的营造，一般还可通过对称的建筑形态来进一步凸显。同时，建筑居中的地位使得建筑与场地边界形成了一定距离，因而还可以通过对称化的场地布置策略对轴线进一步强调。

8.1.2 偏心化布局

建筑也可以置于场地一侧，形成“偏心化”布局。偏心化的布局使得建筑与场地边界关系变得紧密，建筑的可达性变强。因而在布置一些需要人流快速进入的建筑类型时，如商业建筑或者办公建筑，就可以将建筑贴合场地边界进行布置，但仍应该注重入口过渡环境的营造。偏心化的布局还可以获得较为集中的室外空间，因而需要在室外场地布置功能时，如学校的室外体育活动场地，就可以选取偏心化布局。此外，当城市中存在观景视线轴线时，为避免建筑遮挡景观视线的通路，也可将建筑进行偏心化布局（图 8-2）。

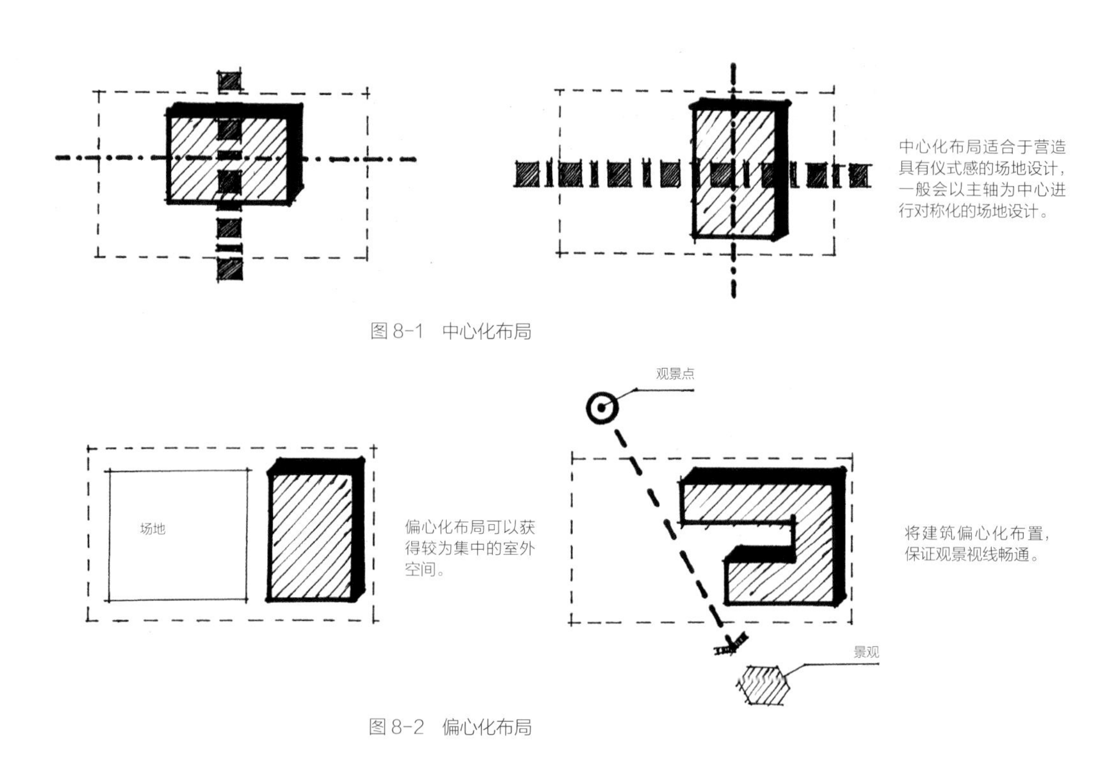

图 8-1 中心化布局

图 8-2 偏心化布局

8.2 围合

建筑还可以非集中化布局，以连续或分散的形式将场地围合。与集中化布局相比，围合式布局将削弱建筑的尺度感，营造较为宜人的空间感受，还可以使场地与建筑的关系更为紧密。

8.2.1 全围合

建筑可以对场地进行围合，从而形成较为封闭的室外环境空间，也能获得较为完整的建筑立面。当建筑规模较小时，可以将建筑分段化处理，每段建筑间用连廊或者公共空间连接，从而延长建筑长度而实现建筑对场地更为全面的围合，同时在立面上形成虚实对比。当建筑规模较大时，可将建筑形体向庭院内部折叠，达到围合场地目的的同时将场地边缘活跃化处理，形成形态多变的内院环境（图 8-3）。

8.2.2 半围合

建筑还可以对场地进行半围合化处理，从而在获得与建筑关系紧密的室外空间，同时还能形成较为开放的界面。半围合的布局方式使场地的开放度具有一定方向性，可以作为入口过渡空间，如庭院或者广场，因而可以根据人流来向或者景观朝向来选择建筑的围合方式（图 8-4）。

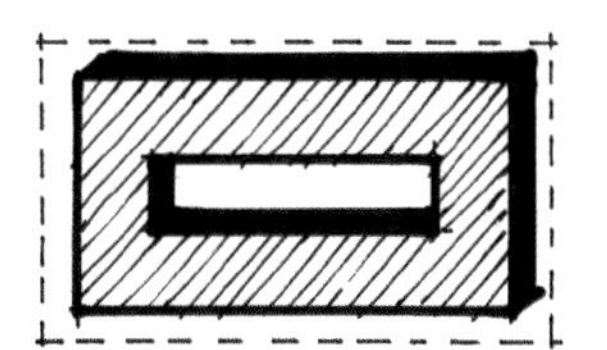

全围合布局能够形成完整的建筑立面感受。

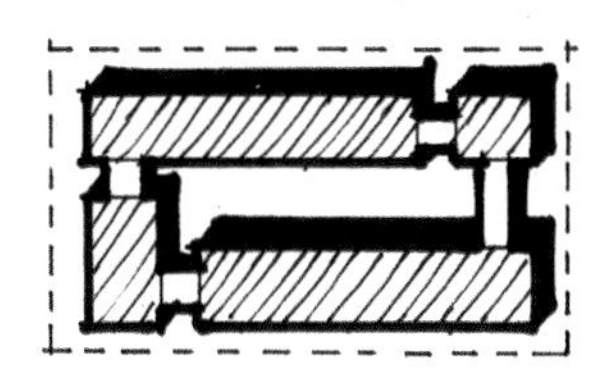

建筑长度不足以全部围合时，可以利用连廊进行延长。

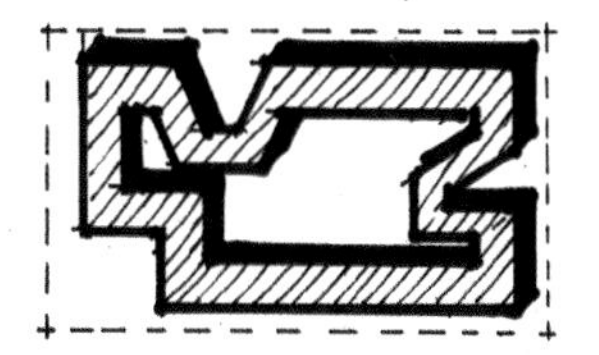

建筑长度过长时，可以进行内凹。

图 8-3　全围合布局

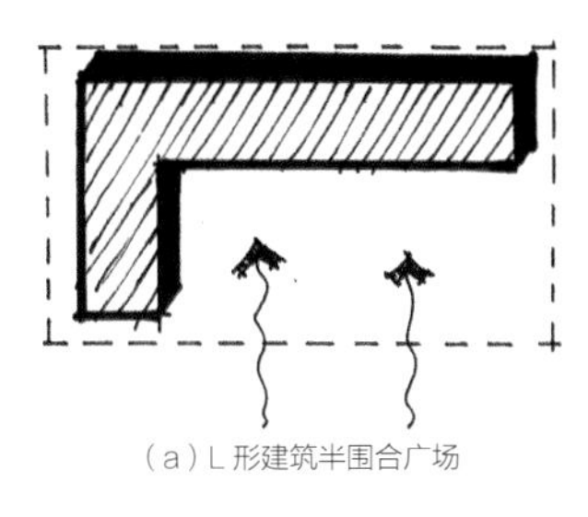

（a）L 形建筑半围合广场

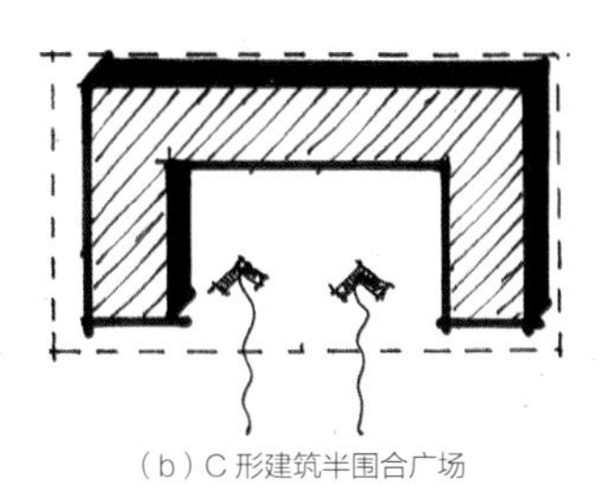

（b）C 形建筑半围合广场

半围合式布局可以利用建筑形态形成具有朝向的广场空间。

图 8-4　半围合布局

8.3 分散

建筑还可以分解为多个均质小体量并置于场地中，营造出灵活的建筑界面，同时在建筑体量之间限定出尺度宜人的半开放化室外场地空间。

8.3.1 平行并置

小体量建筑体块可以成平行关系并置在场地中，形成整齐而又富有韵律感的建筑肌理。同时体块间还可以错动形成参差感，活跃建筑形体，围合多样化的室外空间。可以调整体块的尺度，在相似的体块形态之中产生对比感（图 8–5）。

8.3.2 自由分布

小体量建筑体块还可以较为自由地散布在场地中。自由分布使得建筑轮廓呈现出不规则形态，与规则的场地形态形成鲜明的对比。同时，建筑空间的不断扭断，也增添了空间自身的趣味性（图 8–6）。

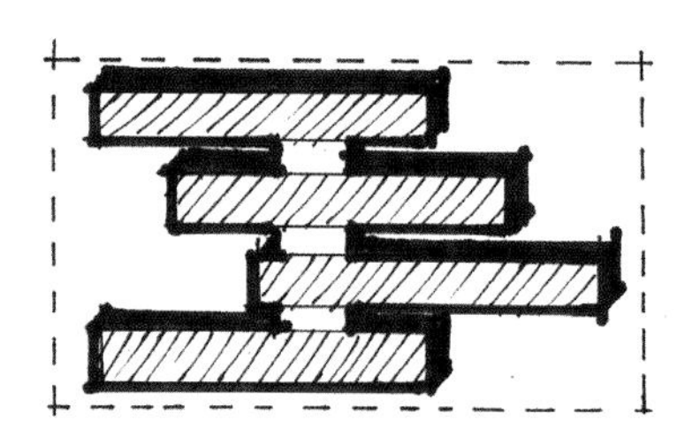

条状单元平行错动并置形成丰富的立面层次与室外空间形态。

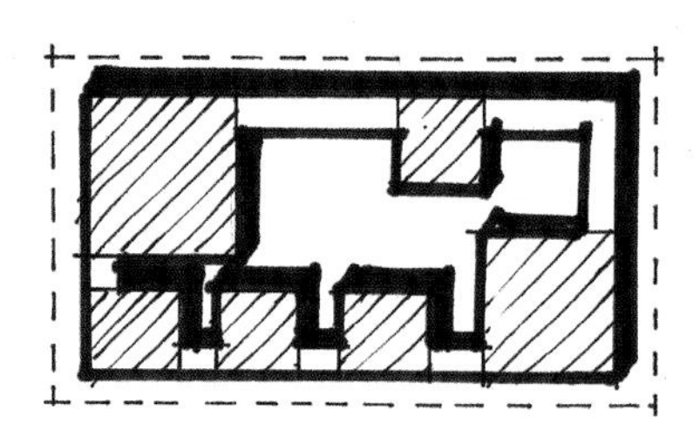

相似形体并置，形成节奏韵律。

图 8-5　平行并置

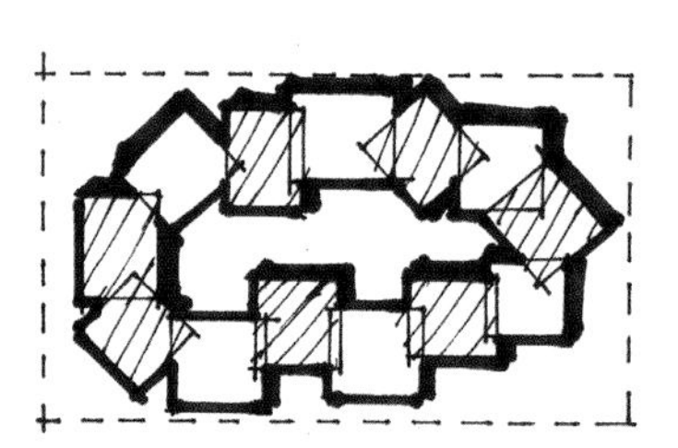

建筑单元形体自由分布和组合能够形成更为丰富的建筑轮廓与立面效果。

图 8-6　自由分布

水平向不规则场地的布局策略

9.1 偏移复制法

对不规则平面形态的基地进行形的复制得到建筑形体轮廓的手段称为偏移复制法。利用这种方法在场地中进行建筑布局，可以使建筑对基地形态进行直观的回应。偏移复制法可以有两种实现途径，分别为对场地轮廓进行整体偏移和建筑体块的局部扭转。

9.1.1 整体偏移

对场地进行偏移复制而得到建筑形态的手法可以使建筑较为匀质均布在场地中，并与场地形态达到高度契合。然而，由于不规则基地的形态特殊性，直接的偏移复制也会给建筑功能布局造成一定困难，例如建筑边界呈现非正交化，或者是建筑进深过大等实际问题。对于前者，在进行内部空间排布时首先要保证主要使用功能空间的形态完整性，避免这类空间内部出现异形。对于不规则的的空间，宜将其作为共享开放空间，如交流空间或者通高空间等，这样既保证了其他使用空间的完整性，还利用异形的形态提升了开放空间自身的趣味性。不规则的空间还可以用于布置辅助空间，如储藏间和卫生间等。同时由于楼梯形态具备一定灵活性，因而还可以将楼梯间置于异形空间中。

对于建筑进深过大的问题，则可以考虑在建筑中心布置不需要采光的功能。此外还可通过布置内庭院的手段解决，而庭院的形态可通过再次偏移复制建筑轮廓而得到。庭院的置入减小了建筑进深，使其处在较为合适的区间，从而提升建筑内部空间的采光与通风效果，同时丰富了场地环境的层次（图 9–1）。

9.1.2 局部偏移

当场地平面呈现出不规则多边形形态时，如果完全使用偏移复制法，得到的建筑布局也将呈现出过度的不规则，这将不利于进一步的建筑空间设计。此时，可以将场地形态进行整体化的判断，判断出场地形态的主要走向或者是具有主导性的边界轮廓。此时就可以考虑忽略对其他次要边界影响，而对主导性边界进行偏移复制得到建筑布局形态。局部偏移的手法使得建筑形态更为自由完整，同时，还能体现建筑与场地的呼应与互动（图 9–2）。

总之，复制偏移法主要是将场地形态的不规则转化为不规则的庭院，或者不规则的共享空间、辅助空间，以求得建筑主体功能形态的规则。

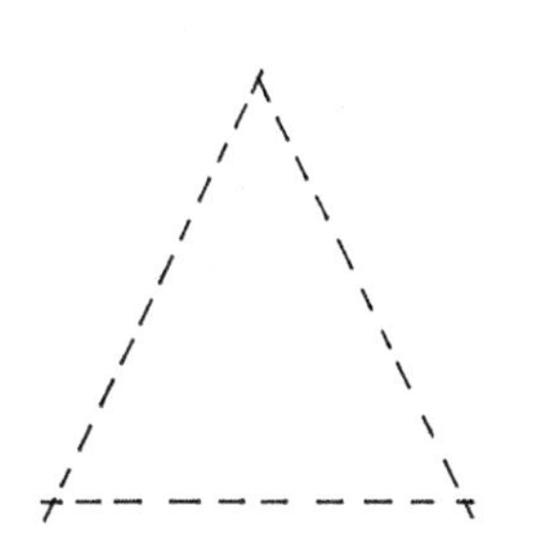

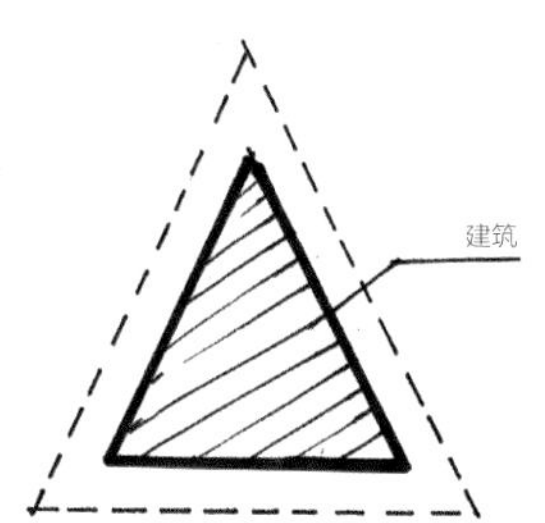

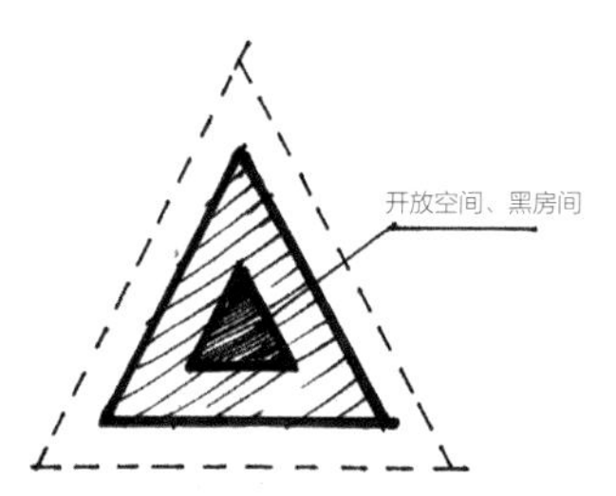

对于平面不规则场地，首先对场地边界进行偏移复制得到建筑轮廓，然后需要对采光不佳的中心空间进行处理，一般可以处理为开放空间或者直接安置无需采光的功能空间。

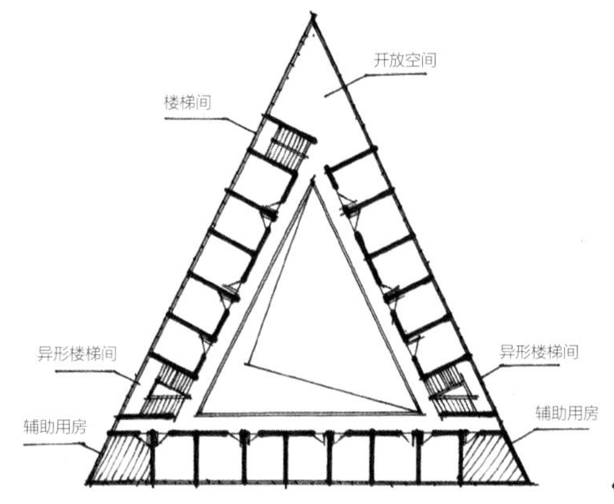

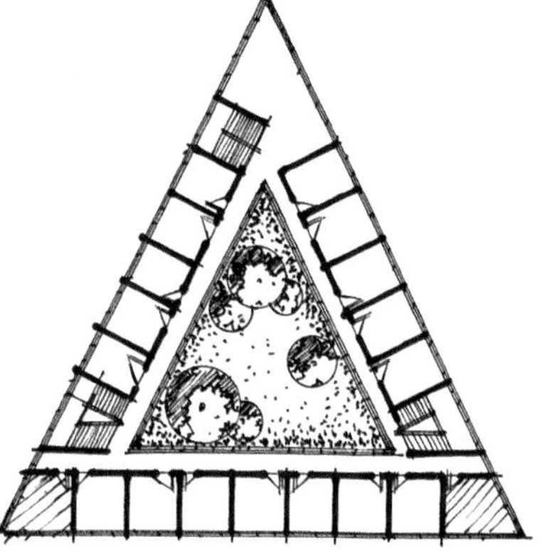

将中心空间处理为通高可以增强内部空间的趣味性，通过中庭的天窗还可以引入自然光线。将中心空间处理为庭院则直接提升了建筑内部空间的采光质量和景观性。对于具有锐角的建筑形体，要注意异形的过渡，一般可以通过放置开放空间，辅助用房或者使用异形楼梯实现。

图 9-1　整体偏移

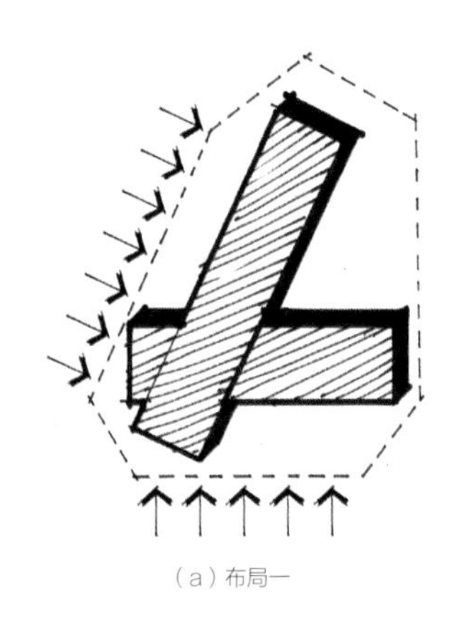

（a）布局一

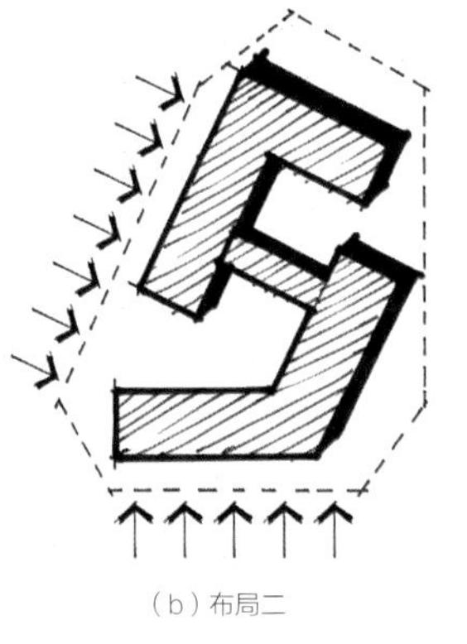

（b）布局二

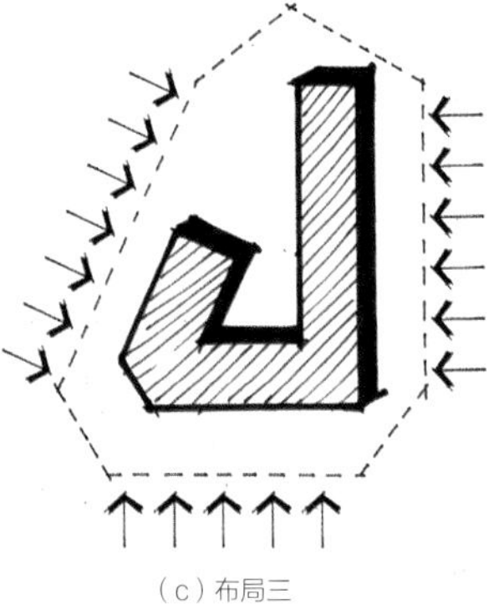

（c）布局三

局部偏移一般呼应主导边界或者是场地形态趋势，利用这种方法能够形成比完全偏移复制场地边界更为丰富多样的建筑造型。

图 9-2　局部偏移

9.2 微元法

当偏移复制法不能够满足房间朝向，或者内部空间过度异形时，可以在偏移复制法的基础上通过将建筑边界进行直角切割的方法来实现建筑布局与场地形态的呼应。这种将建筑边界进行单元化处理的方法可称为微元法，微元法相比于偏移复制法是一种较为间接的建筑呼应场地的手段，这种呼应往往是一种趋势上的呼应，例如建筑体块的重心连线，或者边界体块端点的连线可以与基地形态发生对话。微元法还可以保证大部分建筑内部空间的正交化，提升空间的使用效率。

9.2.1 体块咬合

当建筑形体需要集中化处理时，可以运用相互咬合的建筑体块对不规则的场地形态进行呼应。两个体块的重心连线或者是形态的端点连线与场地的斜线或者是弧线发生趋势层面上的呼应（图 9–3）。

9.2.2 边界切割

当场地具有景观朝向时，可以对建筑斜边进行直角切割，从而使更多的建筑空间具备良好的景观朝向。同时正交化的房间也保证了内部空间的形态完整，化解掉了建筑内部的不规则形态。同时建筑边界直角切割还能形成"锯齿状"的建筑形态，为建筑形态增添韵律感。同时凹凸的建筑形体也在建筑立面上形成了较好的光影效果（图 9–4）。

9.2.3 体块散布

当场地形态过于自由时，例如处于完全的自然环境中，为了使建筑布局更好地契合场地形态，还可以使用散布法，即将建筑体量化解为小单元体量，均匀的散布在场地之中，并通过对单元体量进行一定角度的扭转而使建筑与场地边界契合。

使用散布法时，可以将建筑体量直接分解为若干相似的建筑形体，通过体块间的错位排布实现建筑与场地的契合。这种化整为零的手法使得建筑形态可以极度灵活化，实现边界与场地形态高度贴合，还能保证每个单元空间的形态完整度。此外，大量的重复性元素也使建筑布局在构图上达到了统一、均衡的美学效果。

散布法还可将建筑一部分进行整体化处理，成为建筑布局形态中的控制性元素，而将另一部分分解为若干相似单元体，贴合场地的不规则边界。单元体和建筑主体间可利用如中庭、连廊等元素进行连接，通过调节连接体的尺度控制单元体与建筑主体的距离，使得建筑边缘的单元体量对场地边界的贴合而又不会过于独立。尤其是在具有景观元素的不规则场地中，采用散布法的手法可以使得建筑空间获得最佳的观景视野，还能获得灵活有机的建筑布局（图 9–5）。

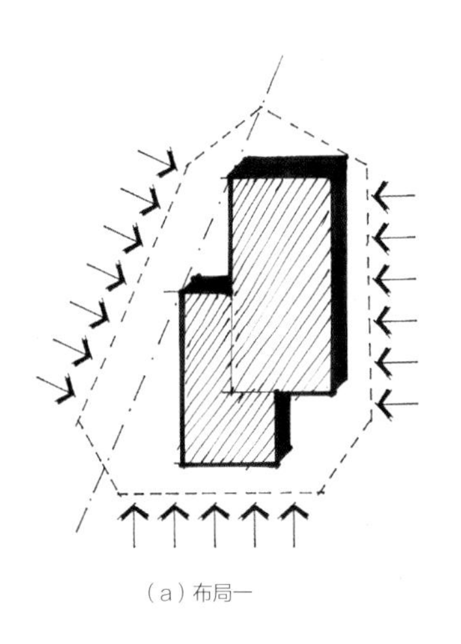

（a）布局一

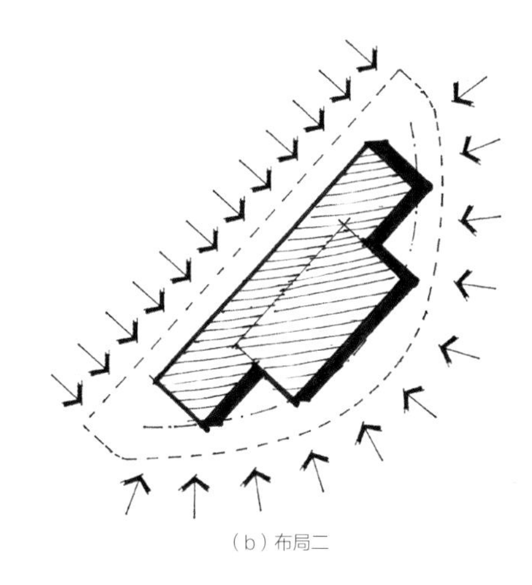

（b）布局二

体块咬合所形成的建筑端点连线可以用来呼应不规则场地边界，是一种趋势上的呼应。

图 9-3　体块咬合

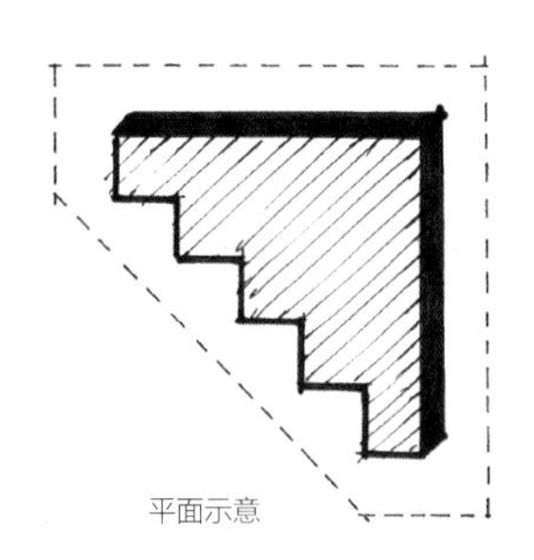

平面示意

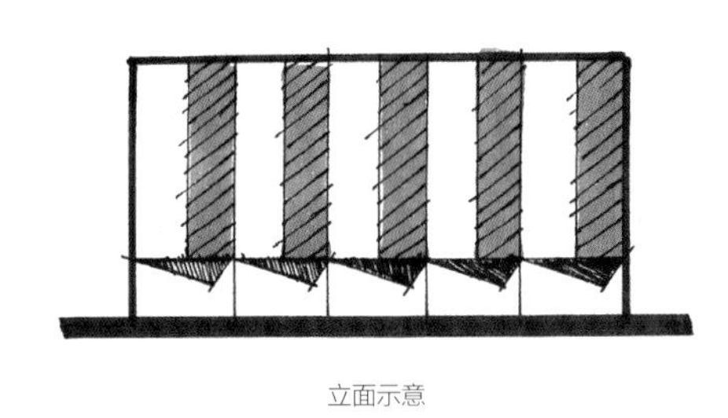

立面示意

将建筑斜边进行直角切割，可以保证室内空间的正交化，提升空间利用率，还可以在立面上形成丰富的光影效果。这种边界处理方式也常用于提升位于东西向房间采光质量上。

图 9-4　边界切割

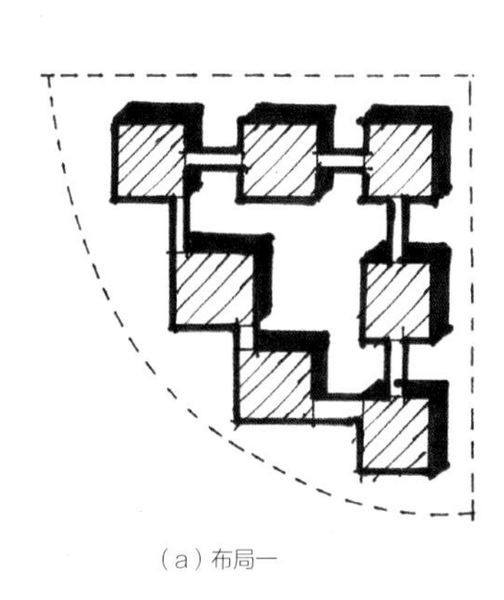

（a）布局一

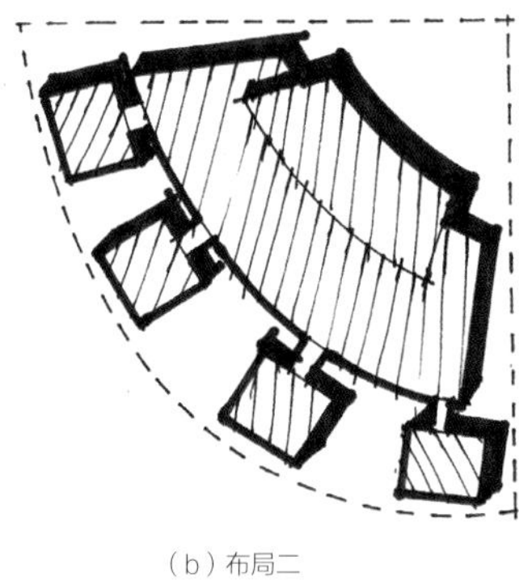

（b）布局二

分散的体块可以延展建筑形态，还可以为建筑争取更多的景观面。

图 9-5　体块散布

10 场地形态与组团设计

10.1 规则场地的组团设计

10.1.1 网格法

对于形态规则的场地，且周边环境没有特殊的限定要素时，可对场地进行匀质的切割，再将建筑单体置于各个地块内，从而得到较为整齐划一的场地设计效果。采用阵列法进行组团设计时，需要考虑室外空间的品质设计，为避免由于建筑布局过于单一而造成室外空间枯燥感。

为提升室外空间的趣味性，首先可以适当改变场地切割的网格尺度，例如大小交替，使建筑体量在场地中也呈现出多样的变化；或将若干网格单元合并，在众多小网格中通过大尺度网格的置入来消除平面构图上的均质感。这样就可以使场地设计在整齐的均质中呈现出一定趣味性，并且营造出丰富的建筑肌理。

此外还可以局部降低建筑密度，而在网格内置入非建筑类的场地设计元素。此时可以将某些网格设计为室外景观用地或者公共设施用地，例如可根据设计需要而将一些网格内布置为广场或绿地景观来控制建筑密度，同时提升建筑组团室外空间的品质（图 10–1）。

10.1.2 围合法

建筑还可以围合场地布置，形成较为平整的建筑立面。例如在城市街区中进行组团设计时，利用围合法可以形成连续的城市街道界面，维护城市原有的肌理与风貌。为了避免建筑围合而形成过于封闭且枯燥的建筑立面效果，可以对建筑体量进行一些处理。首先，可以将建筑的大体量在视觉层面上分解为若干小体量，来形成富有节奏感的立面效果，小体量间通过玻璃连廊或共享空间联系，还可以在立面上形成建筑材质的对比效果。其次，还可以在局部改变建筑的形态与尺度，形成立面的凹凸变化，同时在边角处，建筑形态的改变还能起到强调、引导等心理层面上的效果。围合式的组团布局还形成了中心化的室外空间，便于营造高品质的室外环境（图 10–2）。

10.1.3 轴线引导法

在规则场地的组团设计中，还可以通过置入轴线来凸显场地设计逻辑，或者增添场地空间的趣味性。场地的轴线可以结合场地的路径设计，场地的主要出入口即为轴线的端点，轴线的交叉点起到了汇聚与疏散人流的作用，因而可以将交点作为景观节点处理。场地布置中的轴线还可以根据场地所处的城市环境要素推导而来，例如城市建筑肌理或者自然肌理中有明显的方向性时，就可以以此方向作为场地轴线的走向。场地中可以通过拓宽路径来强调轴线设计，与此同时还可以在路径中设置景观元素和多样的硬质铺地元素来获得景观轴线。此外，还可以调整建筑形态来迎合轴线的走向，例如用轴线对建筑进行切割，以增强轴线的存在感（图 10–3）。

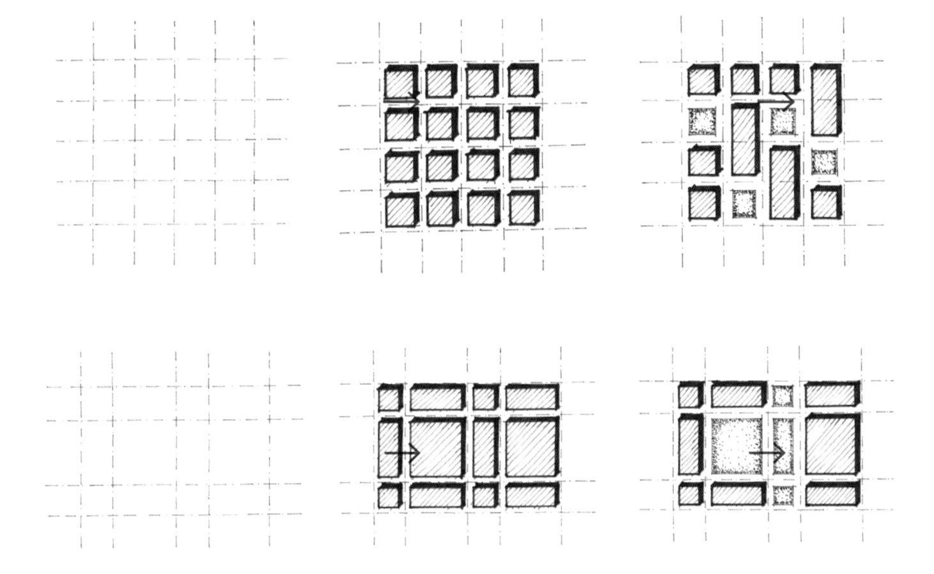

将场地用均质的网格切割，可以得到整齐划一的建筑单元群。通过合并单元格的方式和置入绿地的手法消除单一古板的视觉感受，也为场地增添了多样的建筑形体和室外环境。

用不规则的网格对场地进行切割可以直接得到大小不一的建筑形体。通过合并与功能替换，就可以得到更为丰富的场地环境。

图 10-1　网格法

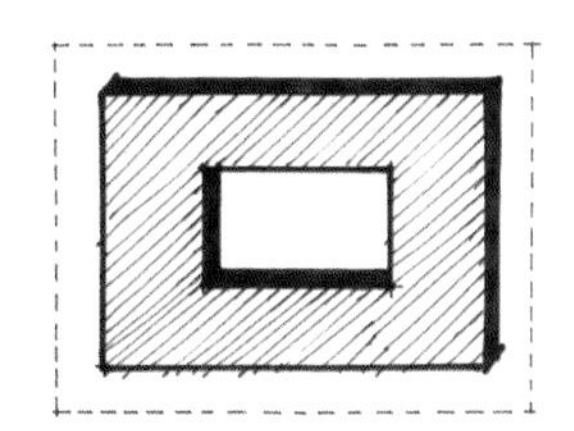

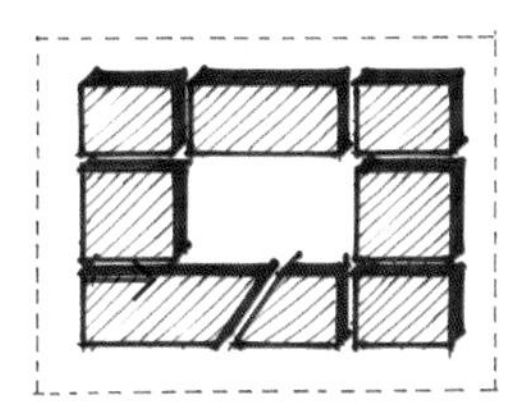

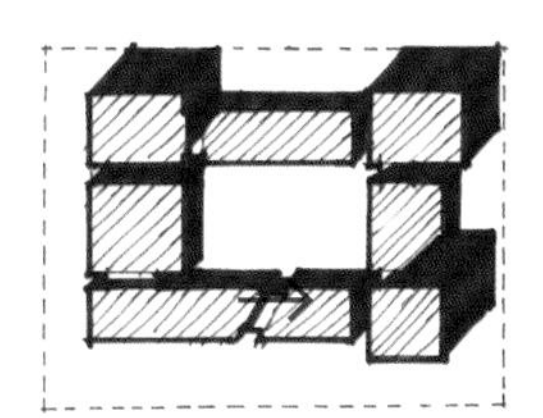

建筑对场地围合后进行非均质切合，就可以得到形态尺度多变的建筑单元。最后通过对每个单元形态与尺度的再调整，得到错落参差的组团效果。

图 10-2　围合法

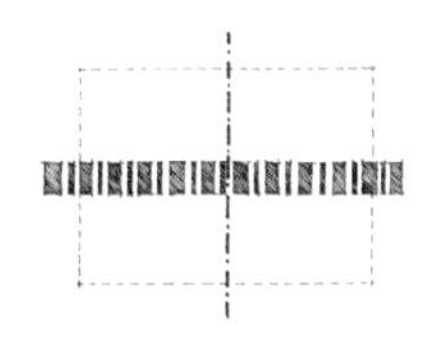

双轴线对场地切割为 4 个部分，每个部分的建筑形体进行围合化布局，最后形成较为对称的建筑组团。

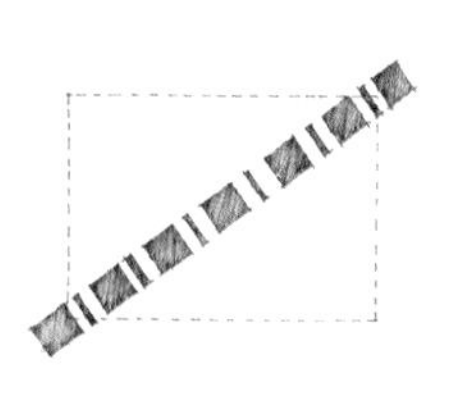

用斜轴对正交形态场地进行切割，打破规则感。建筑形体对斜线进行呼应，强调轴线轴向。

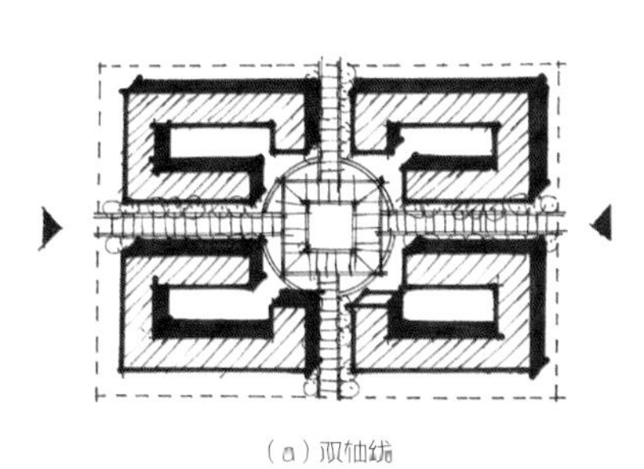

（a）双轴线

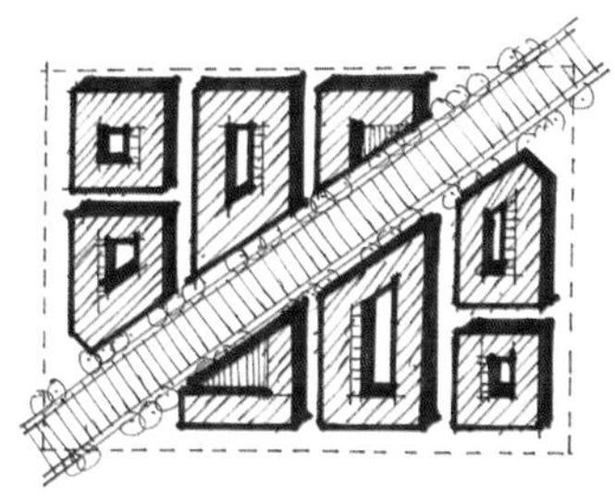

（b）斜轴线

图 10-3　轴线引导法

10.2 平面不规则场地的组团设计

10.2.1 网格法

对于平面形态不规则的场地，也可使用网格法进行场地组团设计。面对不规则的场地形态，网格形态也会进行相应调整，但是每个单元网格的应尽量尺度均衡并且形态饱满。这种方法相当于对场地采取"化大为小，化不规则为规则"的手法将场地分割成若干形态相对规则，尺度大小平均的地块，接而运用偏移复制法、微元法或者散布法在地块单元内进行建筑布局。划分网格的线在场地中表现为路径，网格内也可进行单纯为场地设施的设计（图 10-4）。

网格法是一种较为快捷的处理大块不规则场地的布局手法，化大为小的操作手法同时营造了多样化且尺度宜人的室外空间。

10.2.2 总分法

除此之外，还可以采取"有整有零"的总分法进行场地建筑布局。总分法是一种综合多种布局方法的设计手段，既能有对场地"偏移复制"的建筑主体形态保证建筑与场地边界的契合度，还能将呈单元状的建筑群散布在场地中，创造灵活多样的室外场地空间。

采用总分法时，可以将建筑从尺度上分为"大"和"小"两个等级，用"大"建筑掌控"小"建筑的布局走向，从而在场地的不规则感中获取相对均衡的场地设计构图。在具体布局上，可将大体量建筑置于场地平面形态的重心处，接着将小体量建筑沿场地边界散布呼应场地形态，或者将大体量建筑呈围合状在基地一侧呼应边界，再将小体量建筑散布在场地内（图 10-5）。

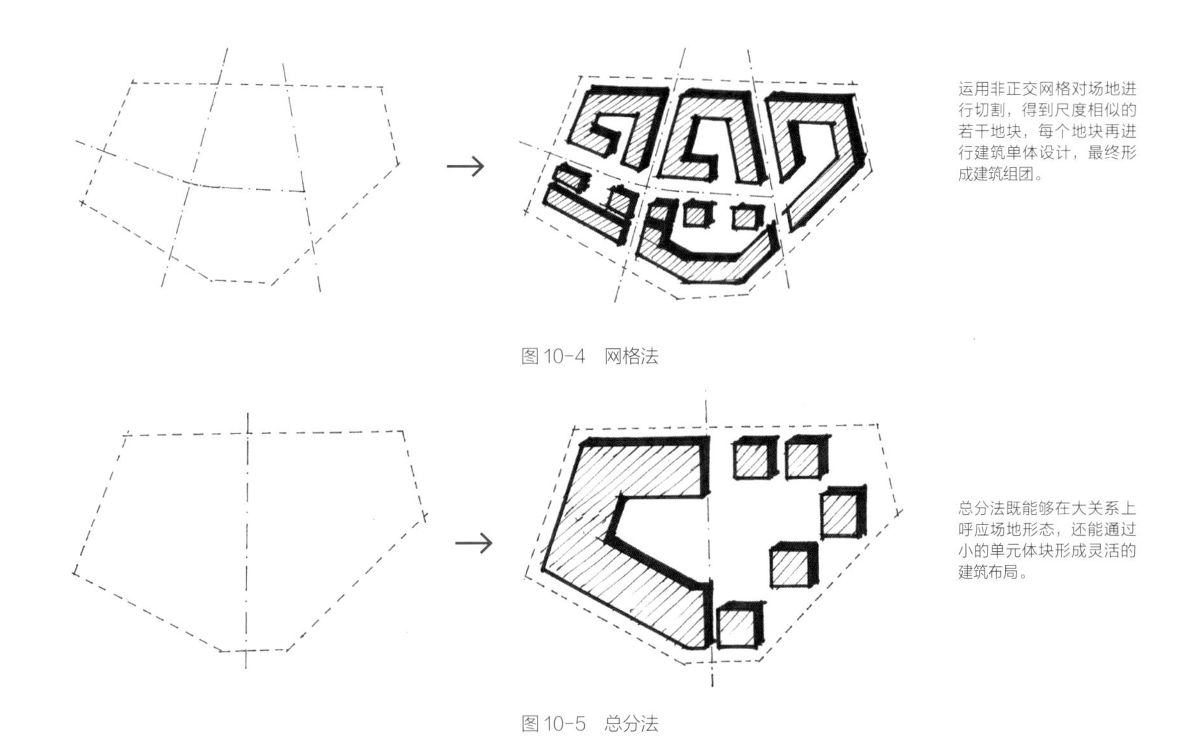

运用非正交网格对场地进行切割，得到尺度相似的若干地块，每个地块再进行建筑单体设计，最终形成建筑组团。

图 10-4　网格法

总分法既能够在大关系上呼应场地形态，还能通过小的单元体块形成灵活的建筑布局。

图 10-5　总分法

11 竖向不规则场地的布局策略

一般场地坡度大于 10% 时，建筑布局将受到地形的约束，此时的场地就是竖向不规则场地。在面对此类型基地的建筑设计时，需在兼顾功能流线合理组织的同时着重解决建筑与地形高差的关系问题，从而保证建筑与地貌的和谐性。总体上来讲，面对竖向不规则基地，建筑平面布局一般遵循“依山就势”的原则。

11.1 场地高差处理

为了使建筑与场地能够理想地结合，必要的时候需要对地形进行处理。一般对具有高差的场地进行处理的方式可以按情况总结为以下三类。

11.1.1 平整场地

当场地内大部分较为平整，局部存在高差时，可以利用挖土和填土的方式对场地进行平整，使得建筑设计得以在较为平坦的地块上进行，减少建筑的复杂度，使方案更为经济化（图 11–1）。

11.1.2 台地处理

即将坡地整合为阶梯状台地，再进行设计。这种处理方式保留了地形高差变化的趋势，还可以保证建筑内部空间和形体上的完整性，但是要对地形做出比较大的改动（图 11–2）。

11.1.3 地形保留

在自然环境中，为减少建筑对环境的影响，展现对自然的尊重，可对场地内高差进行保留，即建筑设计完全顺应场地地形。例如建筑可以呈架空状态，突出于地表之上，从而可以将其对植被、地貌的影响降至最低；还可以将建筑埋于地下，减少对环境的破坏；或者是仅进行小部分的地形修整方便建筑的与场地结合，而不对环境进行大面积的改造（图 11–3）。

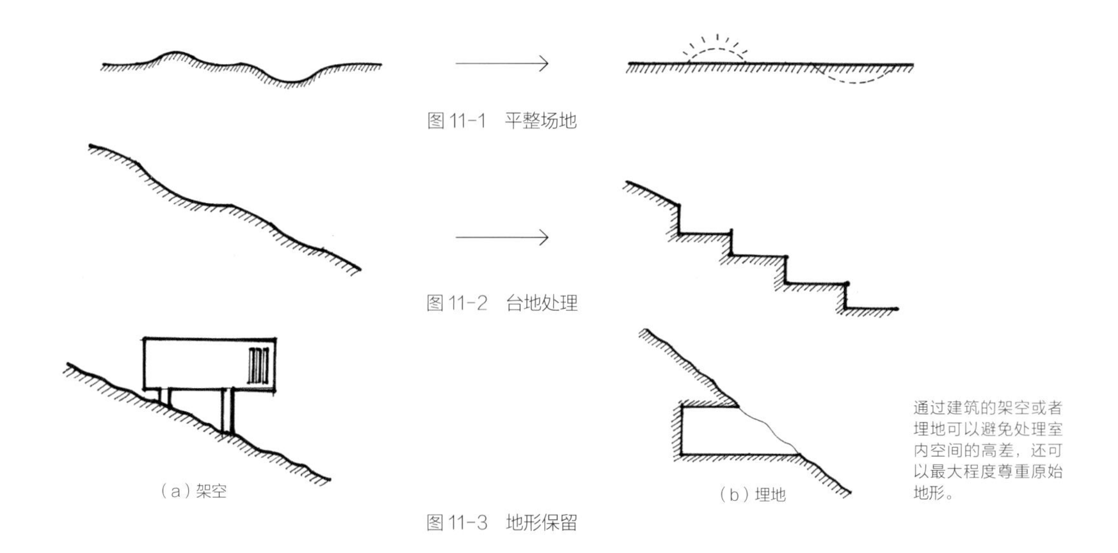

图 11–1 平整场地

图 11–2 台地处理

图 11–3 地形保留

11.2 建筑布局

11.2.1 分散式布局

分散式布局是一种化整为零的方式，与散布法相同，即将建筑形体打散，沿不同等高线分布在不同标高处，再以连廊相连。分散式布局可以使单元体块内部较为平整，而不同体块之间存在着高差。分散式布局实现了建筑与场地环境的相互交融，还可以减少土方量，节省造价（图 11–4）。

11.2.2 集中式布局

集中式布局占地小，建筑形体丰富，同时也减少了体块内不同功能块之间的高差。

1. 建筑沿等高线布置

为使建筑对地形的影响最小化，并且在同一标高上获得更多平面空间，可以将建筑形态设置为线状，沿等高线方向布置。沿等高线布置的线性建筑可以保证建筑内部空间较为良好的采光与通风条件，还可以保证各个空间都收获优良开阔的视野（图 11–5）。

2. 建筑与等高线相交或垂直

建筑体量较大并且布置较为集中时，建筑往往会与等高线呈相交或垂直关系，在这种情况下，建筑可以在纵向高度方向形成与地形高差走向一致的建筑形态，因而建筑与山地的协调性较好。并且建筑形体与空间也具备了更多变化的可能（图 11–6）。

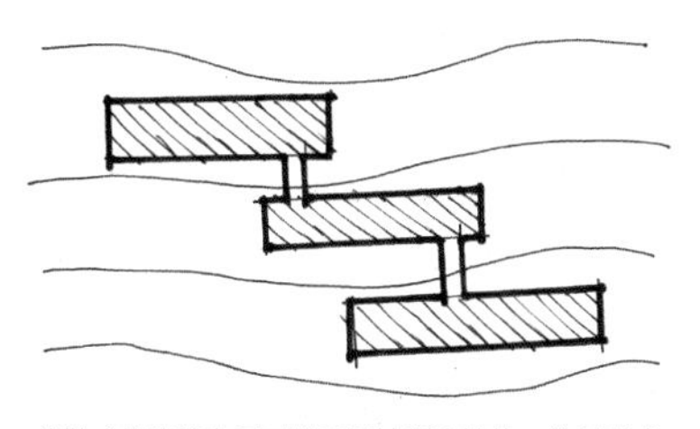

分散式的建筑布局可以更好地呼应地势，并且形成舒展的平面形态。

（a）布局一

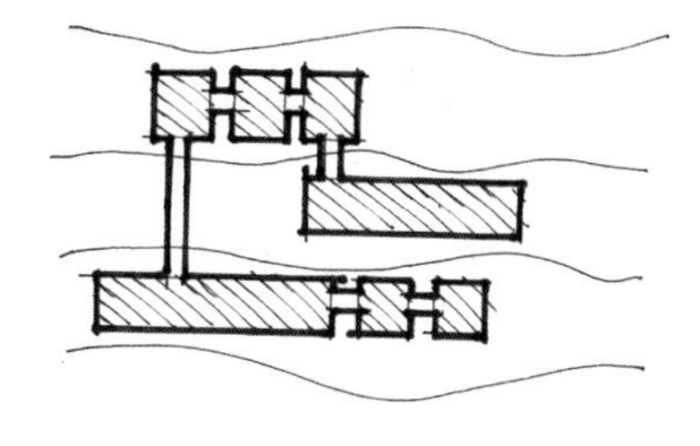

（b）布局二

图 11-4　分散式布局

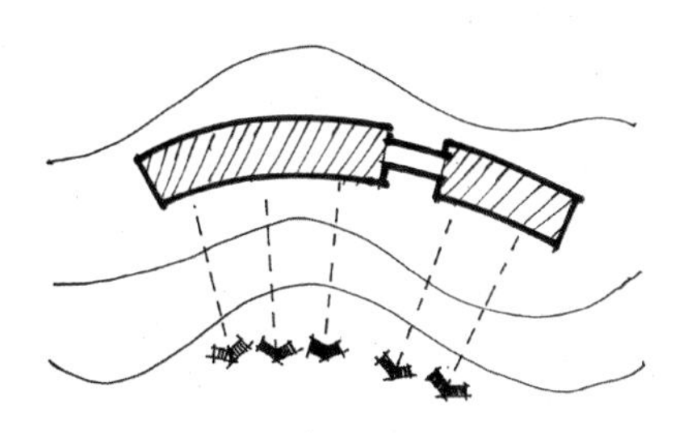

将集中化的建筑形体沿等高线延伸，可以减少建筑对地形的破坏。

图 11-5　建筑沿等高线布置

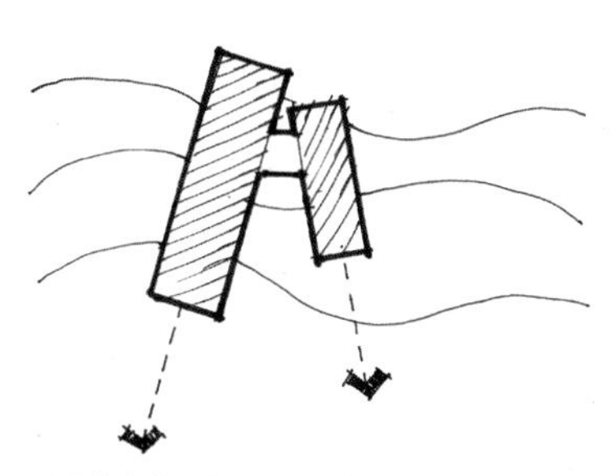

跨越等高线的建筑需要考虑建筑与地形高差的处理，在建筑形态上也容易形成具有与地势形成强烈反差的形象。

图 11-6　建筑与等高线相交

11.3 场地交通组织

11.3.1 车行路径

山地公路的最大纵坡应小于 8%，对于坡度较大的场地，车行道路应进行折线布置。由于具有高差的地形平坦场地有限，因而广场和停车场的布置也会相对受到限制，一般需要对场地进行平整化处理。

11.3.2 人行路径

人行道路的坡度应当控制在 15% 以下，若大于此数值则需要设置室外台阶，要注意每段台阶的长度，并且台阶段之间要布置休息平台来缓解行走疲劳（图 11–7）。当建筑架空于坡地之上时还可以在较低标高处设置楼梯或电梯直接与建筑空间内部相连（图 11–8）。还可以通过在较高地势处架设廊道来构建人行路径，使人可以多向进入建筑内部（图 11–9）。

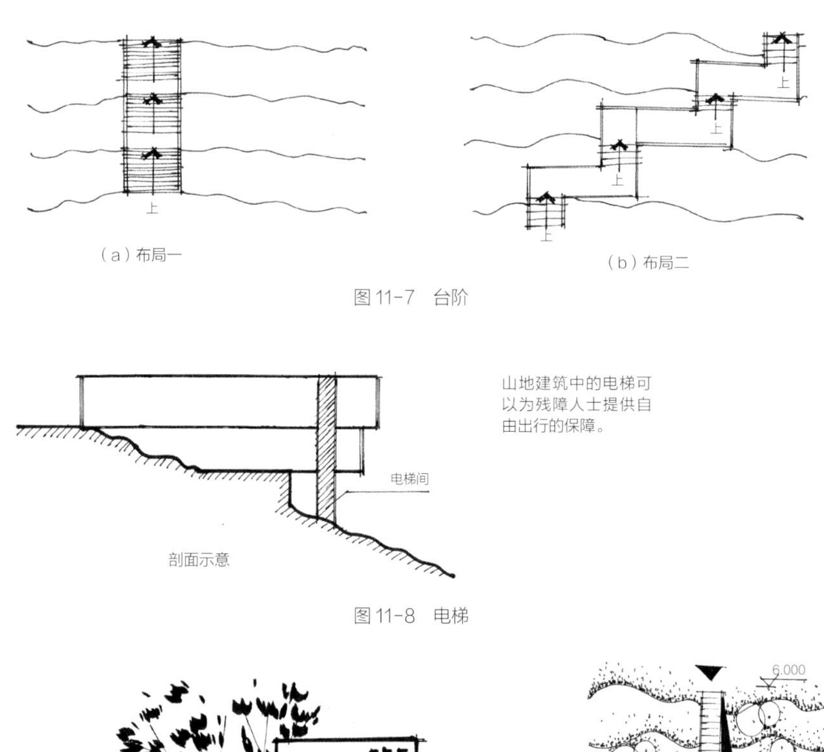

图 11–7 台阶

图 11–8 电梯

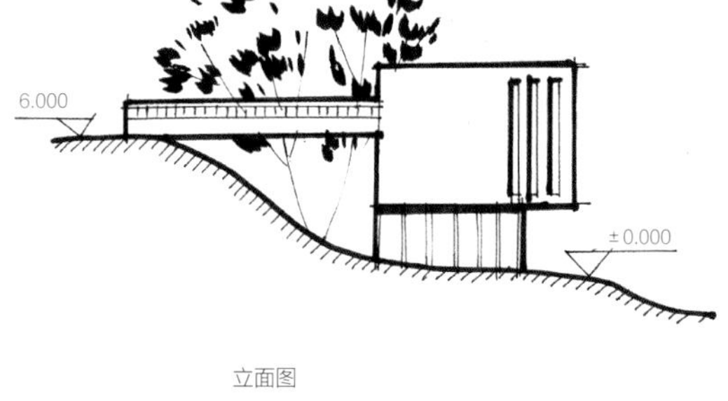

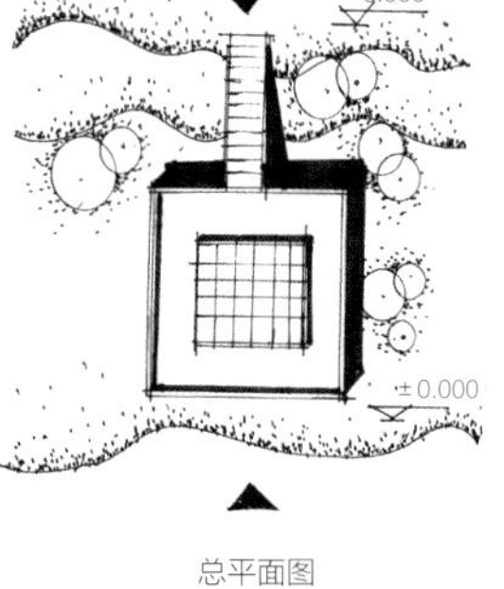

桥元素使建筑在多个标高上都便捷可达。

图 11–9 架桥

12.3 叠装叠 / 众建筑

该方案为利用集装箱进行塑造的小型展示空间，单元体通过以直角锯齿状布置的形式来回应场地斜边，同时，其不同朝向也为整个空间带来不同的景观。从场地形态与建筑布局的角度上看，可以总结归纳出以下要点。

1. 微元法

方案通过“微元法”的设计手法，利用直角锯齿的方式来处理场地斜边，单元体量通过错落、拉伸、交错等动作，进行重新组合，形成错动的空间，产生不同的空间层次。通过上下垂直错落排布等空间的变化把功能分区。并且在两层交叠之处去除楼板，形成贯通的中庭，引入自然光，来呼应不规则的场地。

2. 多朝向

整体方案利用集装箱的灵活性，将单元体块进行了扭转、错落、组合，形成了不同的朝向。不同方向伸出的不同窗口，不仅为整个空间带来明亮的采光，同时，在张望城市景观时，也展示着内部空间的一切。

3. 建筑色彩

方案整体被饰以红色与黄色，在灰色的城市背景中形成强烈的对比，同时，建筑选用的红色与黄色元素也凸显出时尚活力的建筑气息。

建筑外观

建筑内部

建筑屋顶平台

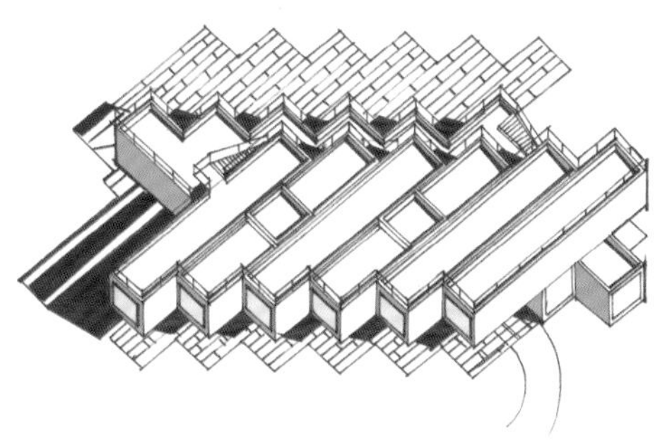
建筑轴测

图片来源：https://www.archdaily.cn

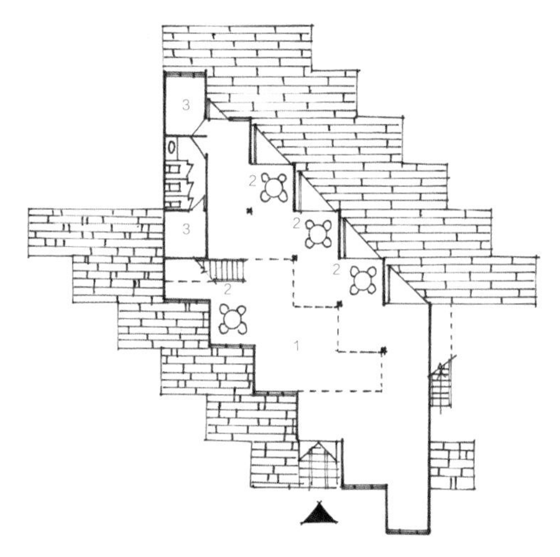

建筑首层平面图

利用微元法，通过集装箱的直角单元锯齿状布置回应场地斜边。

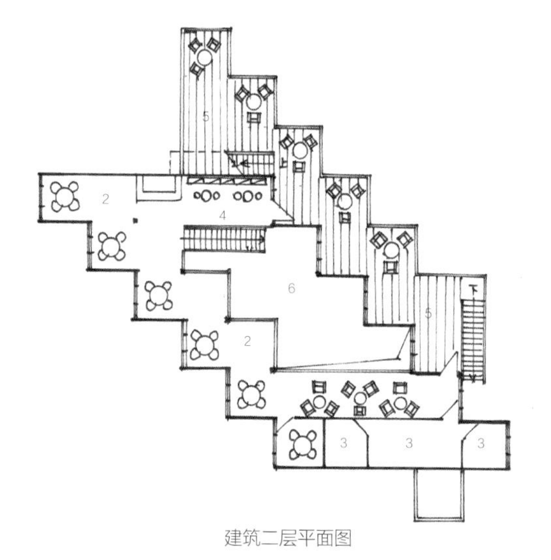

建筑二层平面图

集装箱竖向的叠加、错动等操作，产生了室内外丰富的空间层次，如室内通高中庭、室外灰空间和室外露台。

1. 展示大厅
2. 洽谈咨询
3. 办公辅助
4. 阅览空间
5. 活动平台
6. 上空

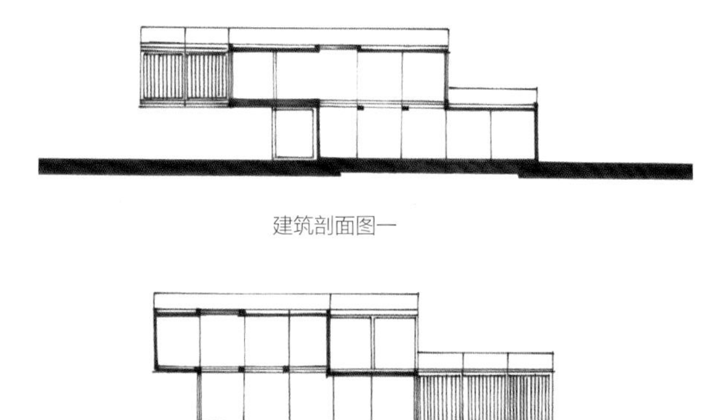

建筑剖面图一

建筑剖面图二

12.4 德胜尚城 / 崔愷

德胜尚城项目基地位于北京，东邻德外大街（宽 70m），南侧是安德路（宽 30m），西侧是安康东路（宽 15m），北边为宽 20m 的教场口路。基地与德胜门箭楼比邻。设计师通过网格切割、轴线置入等手法，来回应德胜门箭楼的场所精神，为整体建筑群带来了一个环境舒适、建筑空间多样且风格统一的建筑群。从场地形态与建筑布局的角度，可以总结归纳出以下要点。

1. 网格切割

方案通过网格切割的方式，来对城市肌理进行回应。建筑形态上，通过轴线的切分与城市肌理的吻合，建筑群被划分出七个街区，形成独立而整体的街坊。

2. 轴线置入

方案为了回应与德胜门箭楼的场所精神，除了在建筑的高度、色彩等方面与其统一，建筑群置入轴线，其主轴正对城楼，形成斜街，活跃场地布局，限定主要路径，形成历史与现代的视觉走廊。

3. 人车分流

为了营造适宜的办公环境，同时减少噪音的干扰，汽车由西、北出入口直接进入地库，而内部则为舒适的人行步道，使人车分流。同时，部分院落下沉至地下车库，充分考虑了地库采光通风的问题。建筑地下以车库为主，并置入部分餐厅功能。

4. 建筑围合

街区内通过建筑的围合形成独立的院落，使得办公环境得到优化。建筑围绕中庭布局，进深不大，利于采光通风。同时，围绕庭院布置办公室，而沿城市道路一侧设置走廊，使得办公环境得到优化，减少了噪声干扰。

建筑入口透视

建筑沿街立面

图片来源：http://www.ikuku.cn

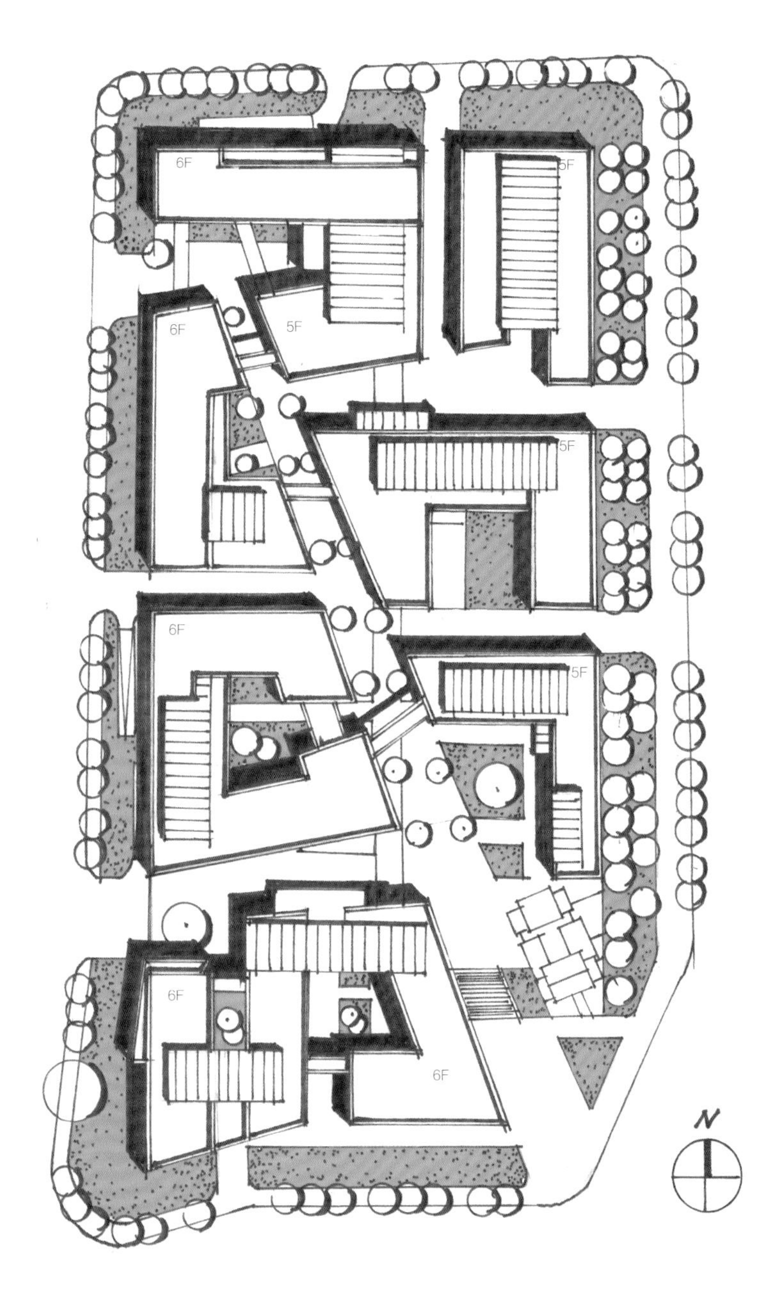

场地内部主要轴线回应场所的历史精神，街区的划分延续城市肌理，从功能需要设计建筑形态，同时，合理组织场地内流线，实现人车分流。

总平面图

12.5 远香湖公园憩荫轩茶室 / 致正建筑工作室

远香湖公园憩荫轩茶室位于一片人工小树林中，场地由西北缓缓向东南坡向湖面。为了回应自然环境的条件，建筑不再成为主角，而是隐匿于环境当中，消解空间与环境的界限，让树木与建筑缠绕在一起。从场地形态与建筑布局的角度上看，可以总结归纳出以下要点。

1. 体块散布

建筑为了让使用者能与环境更好的接触与融合，设法让建筑区域“消失”，采取了体块散布的建筑形态，试图最大程度地消解空间与环境的界限。同时，设计中设置了 1m 左右高度的混凝土平台，对场地保持了最小干扰。

2. 空间尺度

因为建筑功能的不定性，模糊了空间的形态，均质的空间体验也同时不适合不定性的要求，所以建筑以三种不同尺度的单元空间组合来回应将来不同尺度的活动类型。方案限定了大、中、小三种尺度的方形活动单元，分别对应 6 ～ 8 人、2 ～ 4 人以及单人独用的茶室空间，这样的尺度限定既可兼顾茶室以外的不同活动，也可保证建筑与树木之间的互动。

3. 实体与庭院

建筑主要以大单元对角相接来布局室内空间与庭院，再以单元对角衔接来调节位置变化与庭院开合。同时还在景观最好的整个南侧边缘外挂了多个单人面湖独座的全玻璃结构小单元透明壁龛。

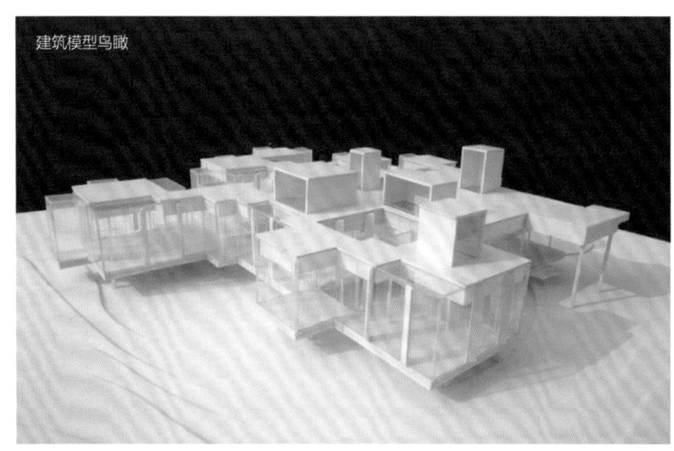

图片来源：http://www.ikuku.cn

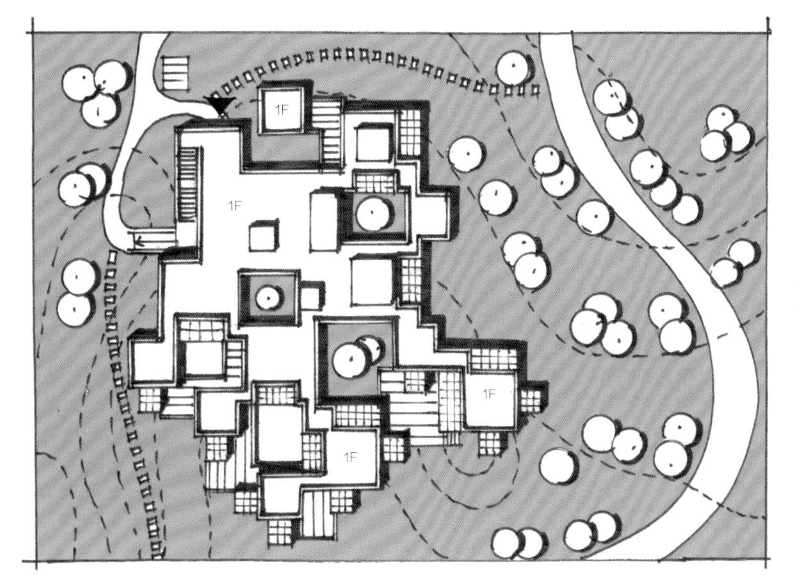

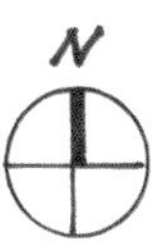

散布的建筑布局，最大程度消解建筑外部空间的边界，使建筑隐匿、消融于环境。

总平面图

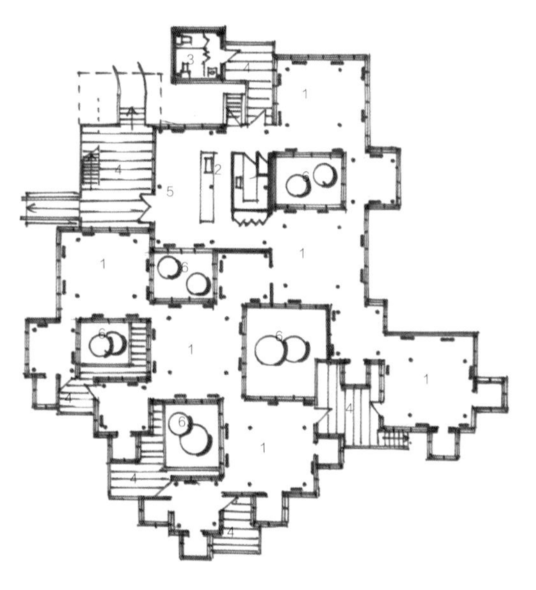

方案以网格切割的方式划分平面空间，以大单元对角相接方式布置室内空间和庭院。

1. 茶室空间
2. 准备间
3. 辅助用房
4. 活动平台
5. 门厅
6. 庭院

建筑首层平面图

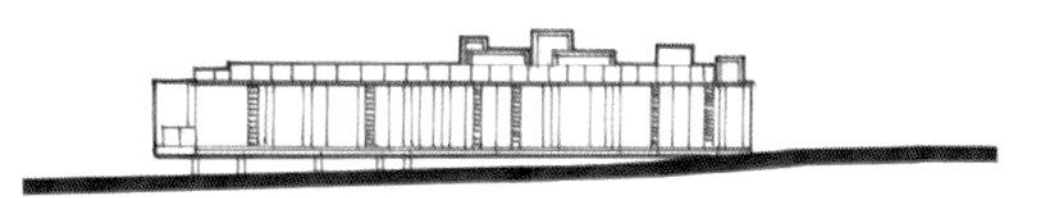

建筑立面图

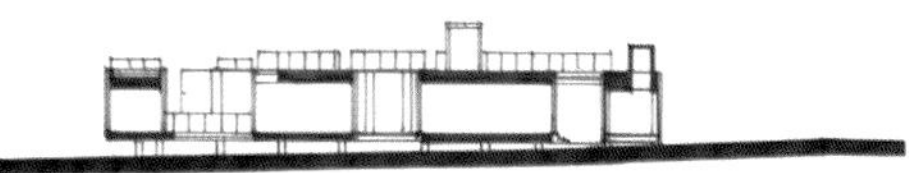

建筑剖面图

12.6 当代 MOMA/Steven Holl、李虎

当代 MOMA 位于北京东直门迎宾国道北侧，拥有首都北京的地标优势，建筑面积为 221 426 m^2，高低起伏的 8 个楼座通过空中连廊连接起来。此项目不仅增进互动关系，还鼓励商业、住宅、教育休闲的公共场所交错，是一个生动立体公共城市空间。从场地形态与建筑布局的角度，可以总结归纳出以下要点。

1. 围合布局

建筑以画家马蒂斯的《舞者》为创意灵感，以北京“胡同”与“四合院”为改造元素，通过建筑沿场地基地外围布局，来回应不规则基地，同时通过高层建筑及空中连廊，围合出内向的庭院，为整个建筑群提供景观与光照。

2. 建筑体块单元化

方案中建筑划分为不同的单元体块，它们分别为 1 座水上艺术影院、1 座设计酒店、1 所国际幼儿园和数个演艺空间，集艺术、设计、创意、文化于一体。同时，这些这些单元体块通过空中连廊相连接。空中连廊连接各个建筑，加强了邻里间的联系，形成空中庭院，将城市空间从平面、竖向的联系延展为立体的空间形式。

3. 庭院景观

通过单元体块围合出的内向庭院，为整个建筑群带来了完整的景观，竹子的选用强调了设计师希望建筑能够本土化的意图，同时，在屋顶设置了屋顶花园，营造出浪漫的城市界面，俯瞰庭院，仰视连廊，形成了全方位的视觉享受。

建筑鸟瞰

建筑庭院

图片来源：http://www.ikuku.cn

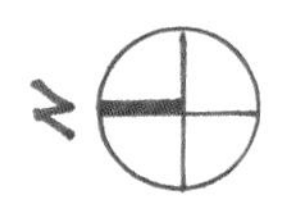

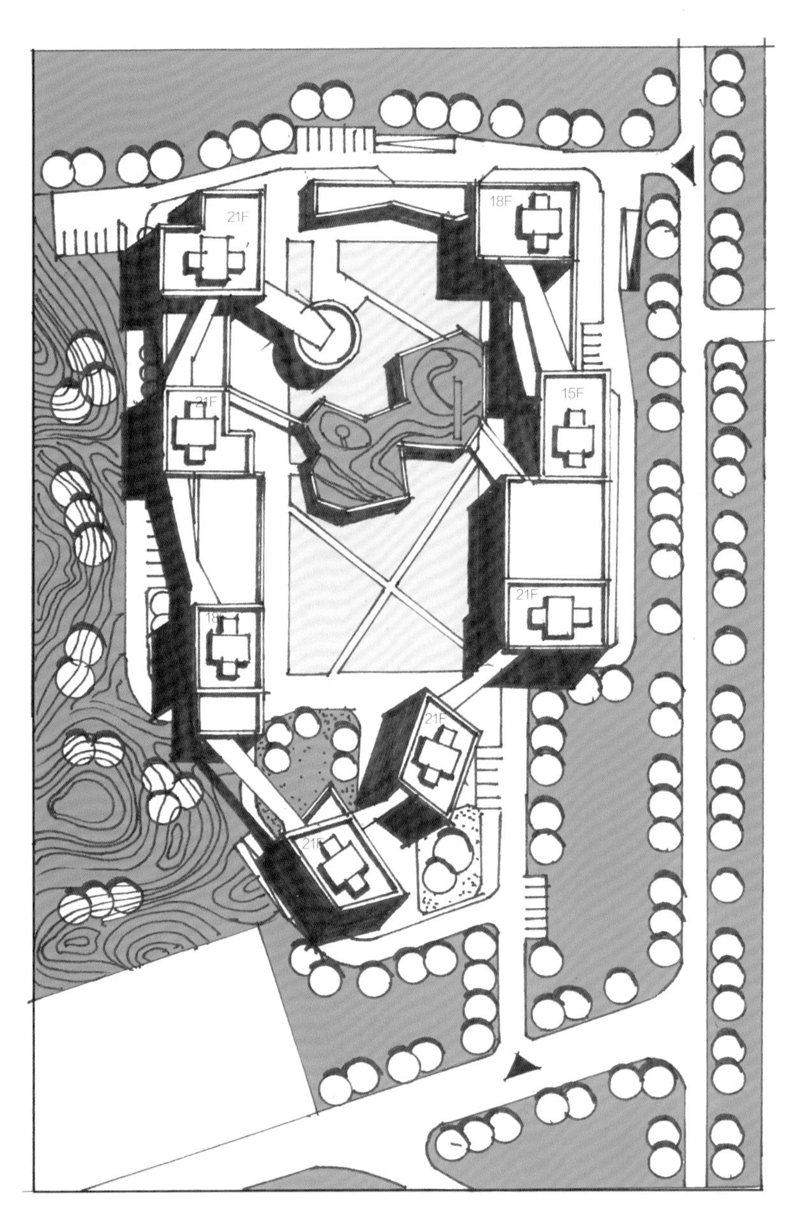

8 座楼沿基地外围布局，回应不规则基地；并通过空中连廊连接，围合出中央庭院，形成空中庭院，最终创建一个生动立体的城市空间。

总平面图

13 快速设计作品评析

3.1 艺术中心设计

艺术中心位于一个人文自然景观良好的的风景名胜区，西南两侧为林区，因而需要注意场地与环境的关系。所给的不规则地形则需要设计者在形体上呼应红线和道路，应考虑建筑形体的设计要和整个基地道路环境相呼应。就该方案的场地形态与建筑布局来看，生成逻辑清晰，建筑形体有意识的呼应场地，空间关系明确，下面将从以下几个方面对方案进行评析。

1. 轴线呼应

方案通过不同轴线设置呼应不规则的场地形状，以交织轴线的方式呼应了场地。建筑布局生成逻辑与场地内主次入口紧密结合。建筑通过对于景观的呼应、形式的轻盈扭转，操作巧妙地化解了固定的建筑形体模式。

2. 回应环境

建筑设置了屋顶平台有效回应了场地景观，使得景观面最大化。形体错动扭转后形成的首层架空空间形成了主入口方向上的视线穿透，引导入流进入场地并聚集至建筑入口广场。三层部分架空形成的灰空间与二层屋顶的平台交相呼应，有机地回应了场地自然景观。

3. 辅助空间

方案采用了点状的组合模式，辅助空间散落布置在平面流线中，提供了快捷有序的竖向交通。

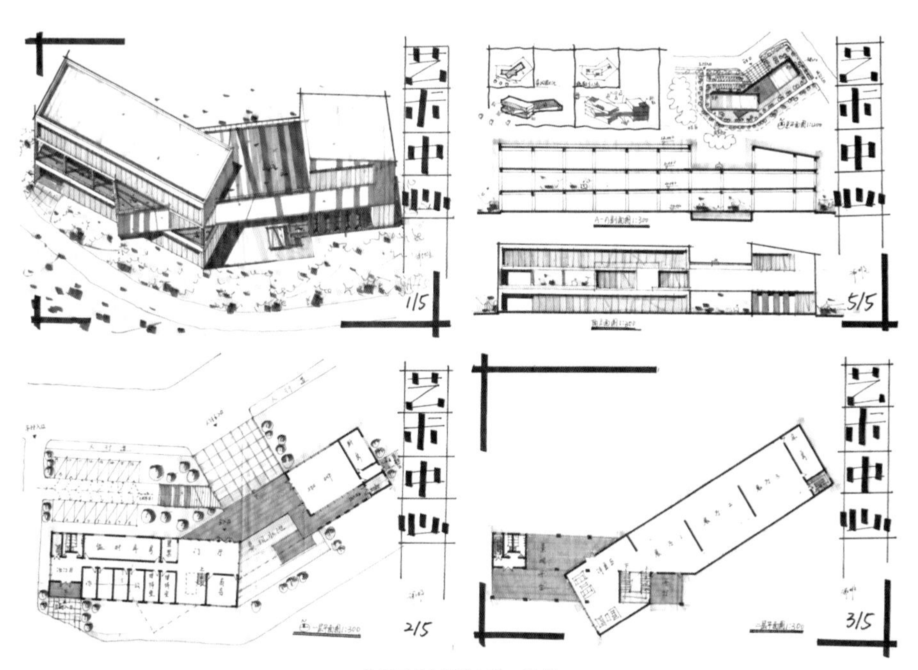

作品表现 / 设计者：谢雄

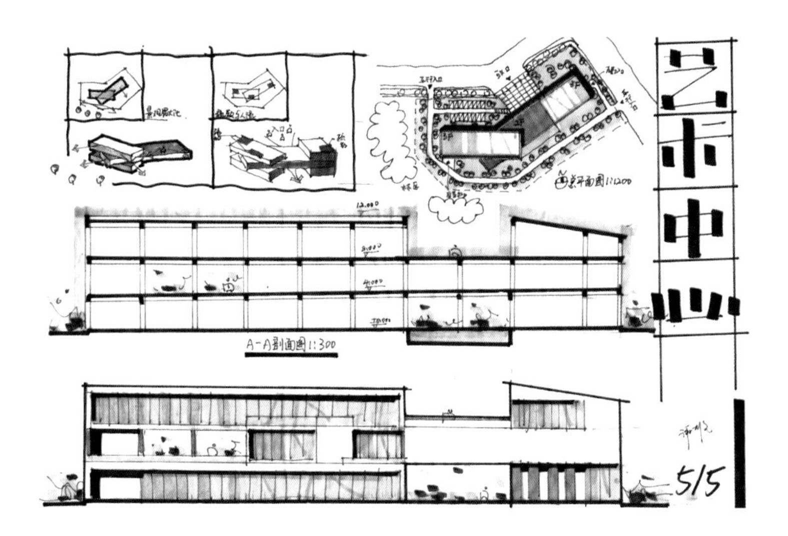

总平面图

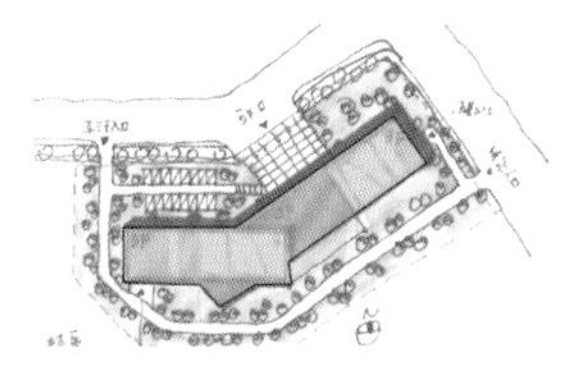

对场地进行偏移复制形成建筑形体的轮廓，呼应场地边界。

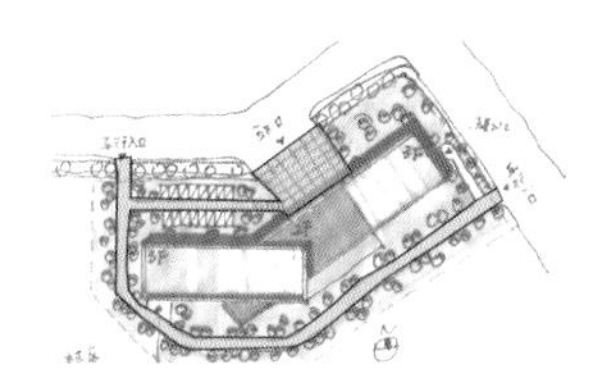

人行入口与车行入口分离，实现了人行和车行系统互不干扰。

分析图

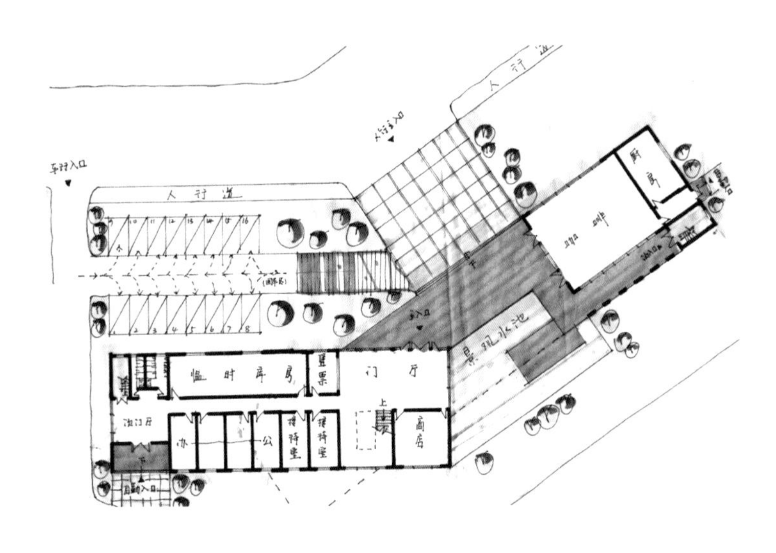

首层平面图

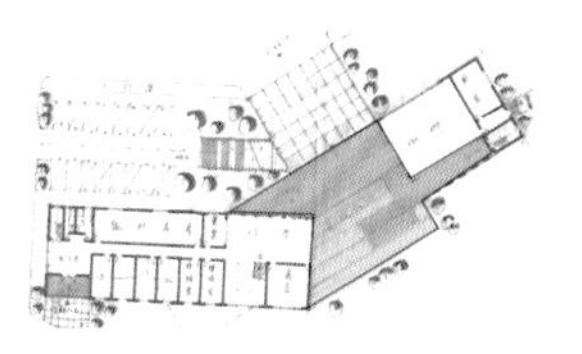

通过架空将首层空间分离，架空部分成为入口灰空间，水域木栈道的置入营造了优美的空间氛围。

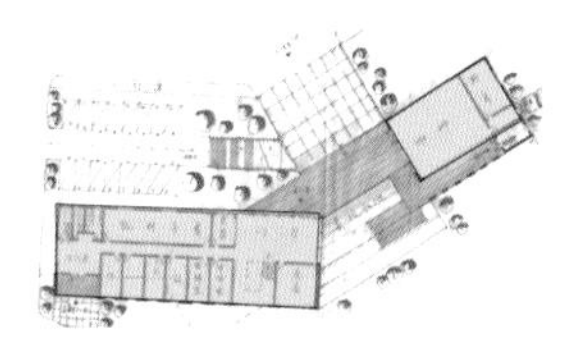

两个形态完整的体块通过扭转呼应地形，架空处的开放空间避免了体块间的碰撞。

分析图

13.2 游客服务中心（一）

游客中心拟建于某滨湖风景区，场地北侧为主湖面，西南侧为景区入口，东南侧连接城市道路，西侧、北侧与东侧同景区园路相接。因而在设计中应考虑建筑对湖面的呼应以及场地与周边道路的关系。场地内部及周边的大量水杉树需保留，因此需处理好建筑与环境的空间互动关系。就该方案的场地形态与建筑布局来看，场地空间关系明确，建筑形体新颖趣味性强，下面将从以下几个方面对方案进行评析。

1. 偏移法

作者采用偏移法的生成方式，充分利用椭圆形的场地范围，灵活生成了流线型建筑外轮廓，产生出富有趣味性的有机形态。

2. 场地环境策略

方案整合了碎片化的场地，将四大基本功能有序统一于一个完整形体之中。建筑进行了一体化的整体考虑，使树木和建筑产生了有效的融合，建筑形态与水杉树的关系生动自然。弧线形的效果对应整个树林环境，既富有趣味性又内含其规整的形式逻辑。建筑底层完全架空，纤细立柱模拟水杉树树干形态，生成的架空灰空间营造出一片较为有机的人工森林。

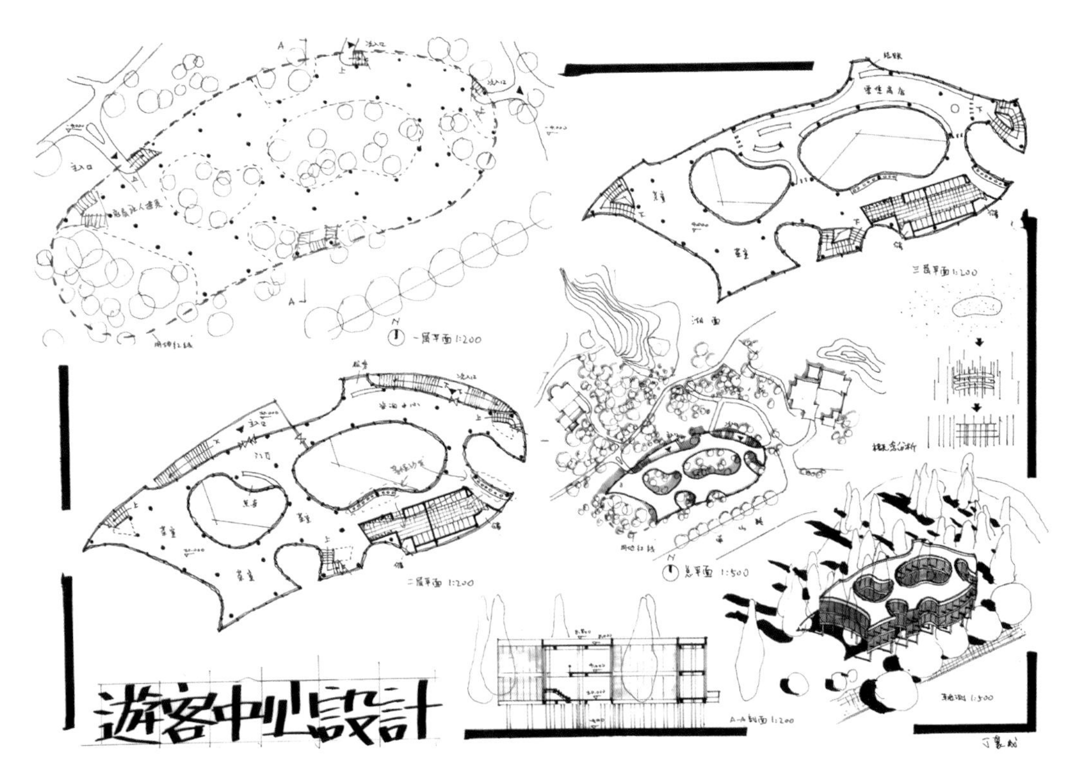

作品表现 / 设计者：丁蒙成

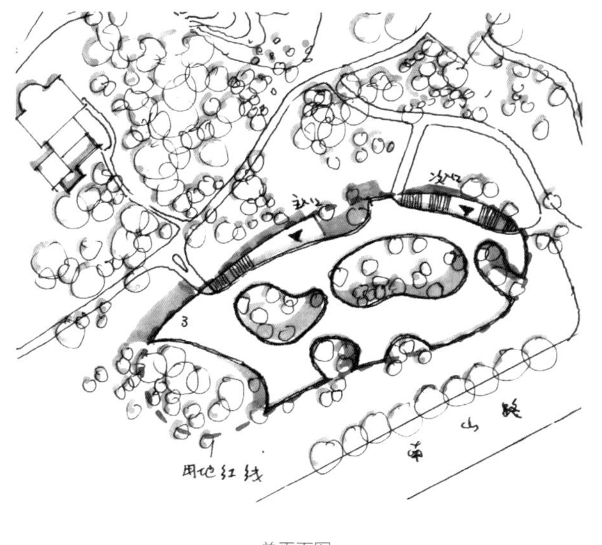

总平面图

对场地边界进行偏移复制，得到与场地弧线走向趋势一致的建筑形体轮廓。

分析图

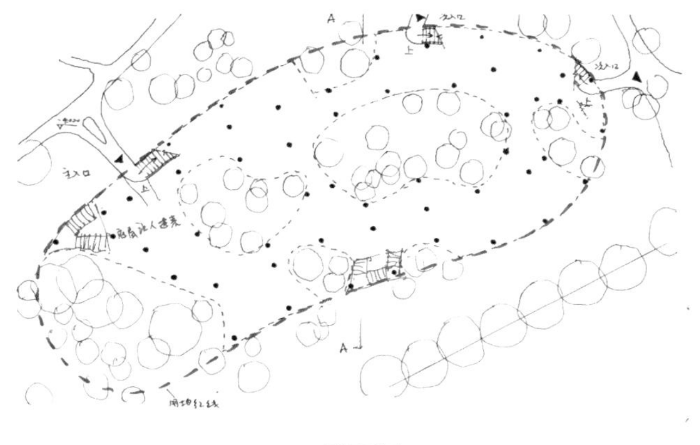

一层平面图

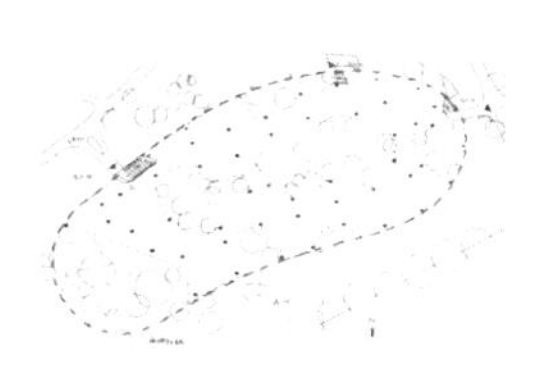

建筑整体做架空处理，仅必要的竖向交通落地，实现了景观视线的通透。

分析图

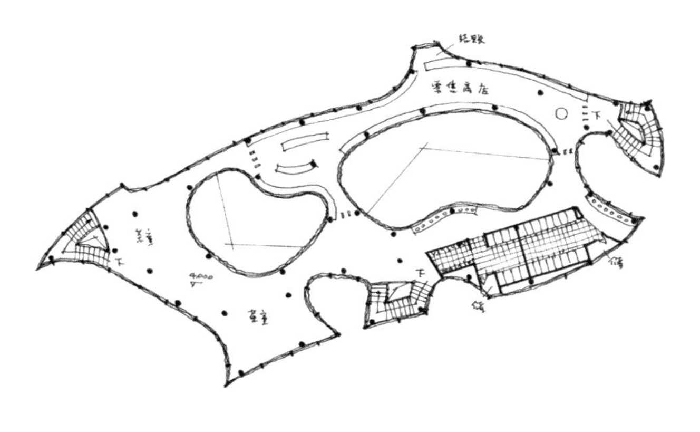

三层平面图

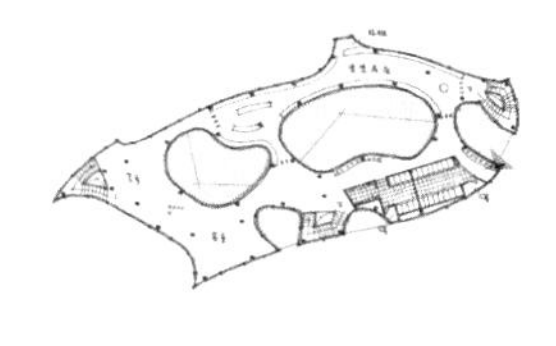

对建筑主体进行挖洞处理，退让出树木的位置。洞口形态也呈现出自由的曲线，与建筑整体布局逻辑统一。

分析图

13.3 游客服务中心（二）

游客中心拟建于某滨湖风景区，场地北侧为主湖面，西南侧为景区入口，东南侧连接城市道路，西侧、北侧与东侧同景区园路相接。因而在设计中应考虑建筑对湖面的呼应以及场地与周边道路的关系。场地内部及周边的大量水杉树需保留，因此需处理好建筑与环境的空间互动关系。就该方案的场地形态与建筑布局来看，基本单元形式有序，建筑布局连续、节奏感强，下面将从以下几个方面对方案进行评析。

1. 散布法

作者采用散布法的布局形式，化解了椭圆形场地带来的束缚。底层通过架空底柱形成的灰空间与四部分功能空间的序列性结合，呈现出基本单元的建筑形体灵活散布于场地内部，使水杉树与场地得到了整合。

2. 场地环境策略

方案通过合理架空空间的利用回应了椭圆形的特殊场地，极小的建筑单元密集组合达到了良好的韵律效果。不同方向的体块交接辅以树间连廊形成两个分割院落，多个单元重复起来却不显凌乱。建筑与环境的关系相协调，应对北侧湖面景观进行了视线处理，使水杉树、建筑空间、环境景观之间产生了有机的连续。

作品表现 / 设计者：朱傲雪

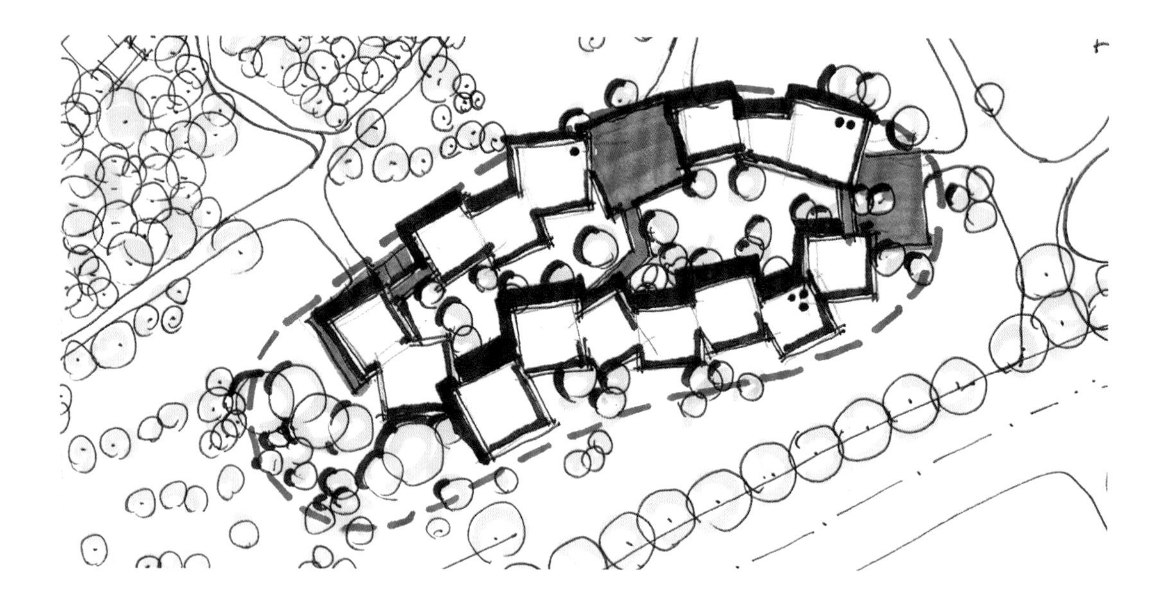

总平面图

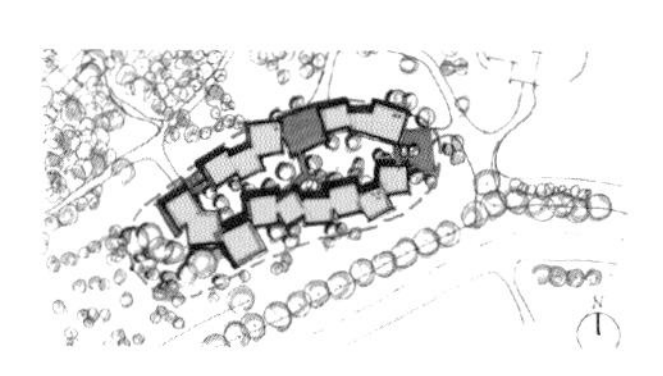

将建筑体量分解成相似的体量，利用散布法进行场地设计，呼应边界的同时通过对体块进行灵活扭转避让场地中的树木。

分析图

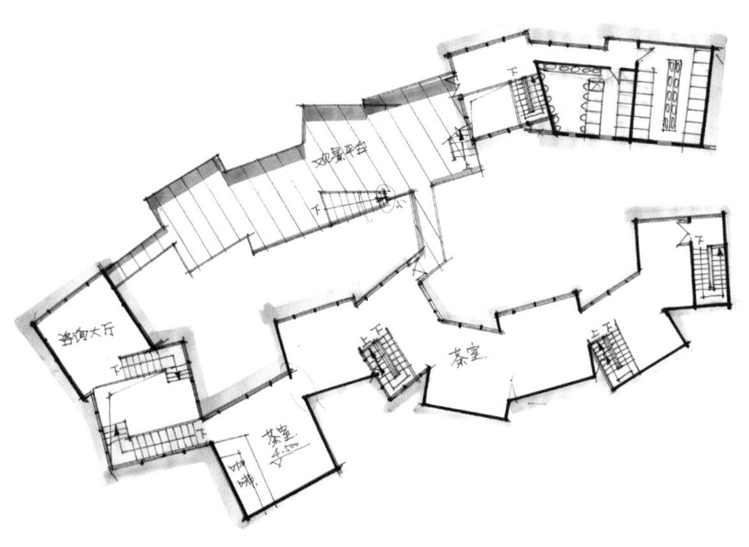

二层平面图

将景观向的体量的上层设置为平台，呼应景观的同时也丰富了建筑形体。

分析图

13.4 社区服务中心设计

社区服务中心位于某三角形不规则地块内，基地北侧为 40m 宽的大学路，西南侧与东侧分别为 16m 与 20m 宽的阳光路与学府路，因而需要考虑不规则的地形内，建筑形体设计对于基地红线及道路的呼应。同时也应注意不规则地形内对于场地流线的设计以及对于建筑采光要求的满足。就该方案的场地形态与建筑布局来看，场地流线设计合理，建筑形式新颖，下面将从以下几个方面对方案进行评析。

1. 偏移法

方案采用了偏移法，缩放偏移场地红线后形成了三角形的建筑轮廓形态，建筑体量清晰明确，形体和不规则基地环境有机呼应。同时通过公共区域与办公区域的体量高度区分、主次体量的集中庭院与分散式庭院的对比等方式明确了社区服务中心的场地形态，中心性圆形庭院的设置提供了整个建筑功能的有机内核。

2. 入口设计

作者对于场地内主次入口设定明确，回应了建筑功能的需要。朝向北侧大学路设置主入口，东侧设定为次入口，西南侧开设办公入口，不同功能分区对应不同入口，多个进入路径的设置回应了较为明显的基地特征。

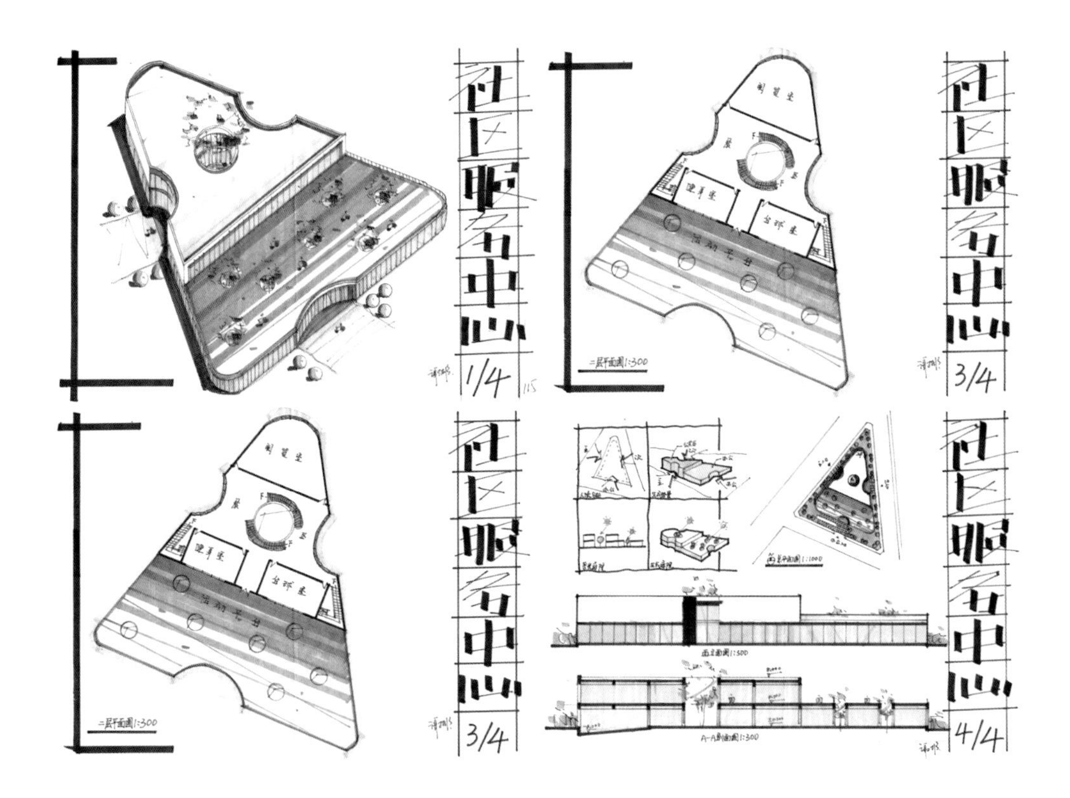

作品表现 / 设计者：谢雄

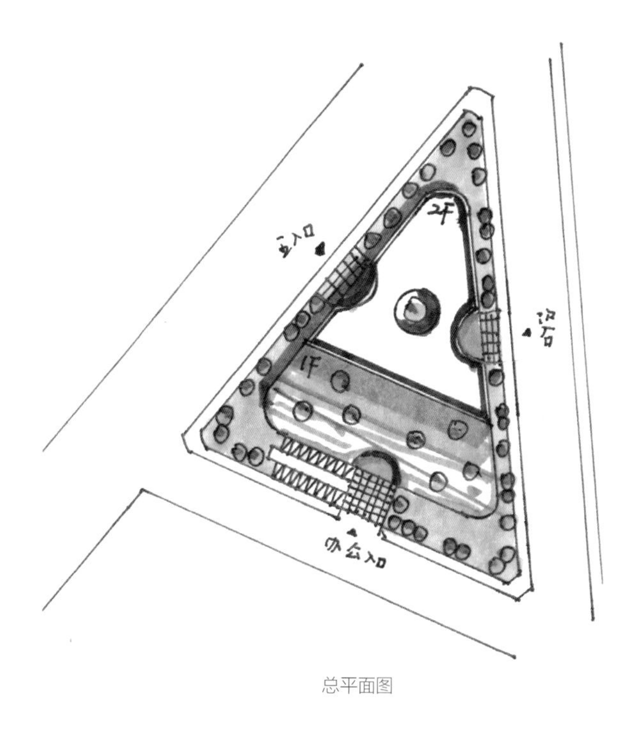

总平面图

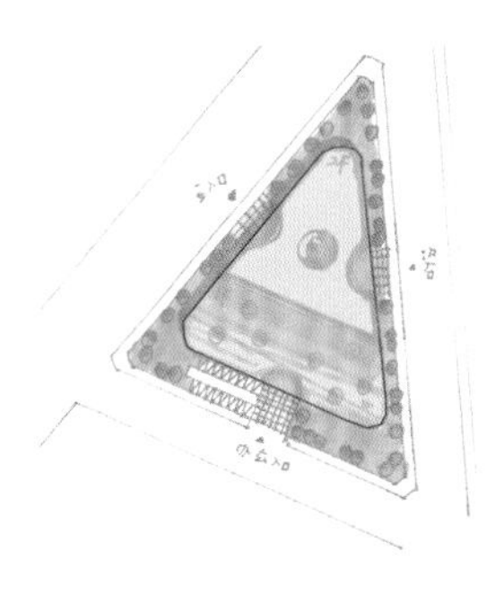

将场地三角形边界进行偏移复制得到相似三角形，成为建筑外轮廓。将尖角进行圆角处理，消除了形体的尖锐感，内部空间的利用率提升。

分析图

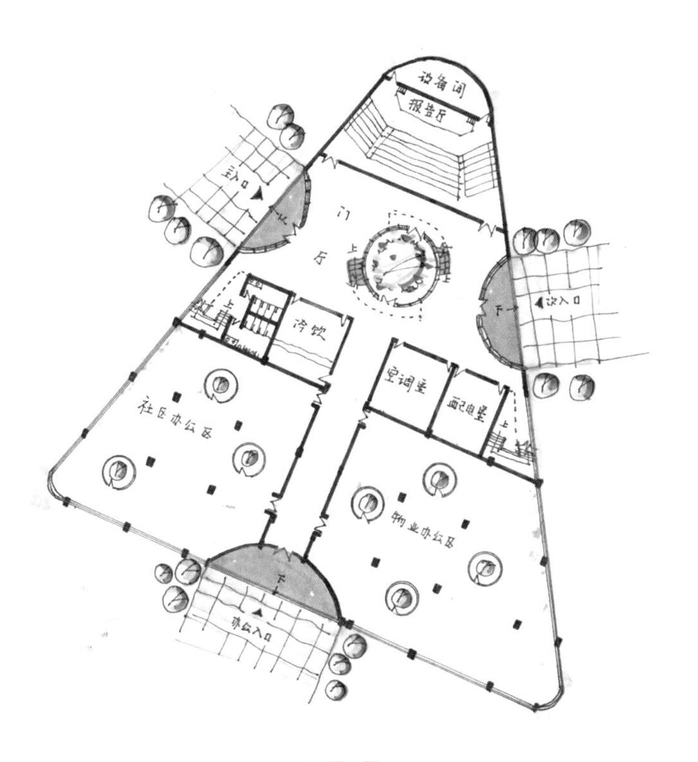

一层平面图

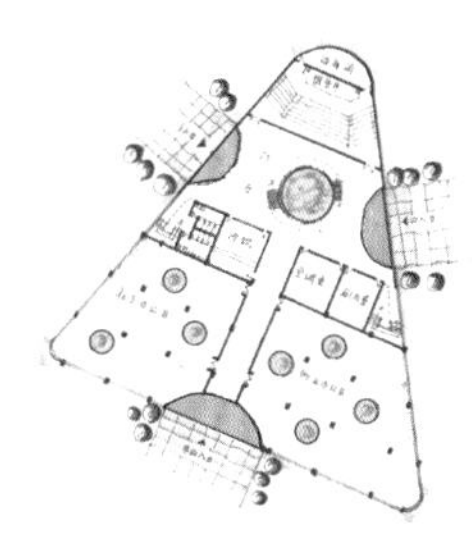

利用圆形庭院为内部大空间采光，门厅中的大庭院与小庭院相互呼应又存在对比。利用圆弧营造入口灰空间，和圆形庭院形成形态上的统一。

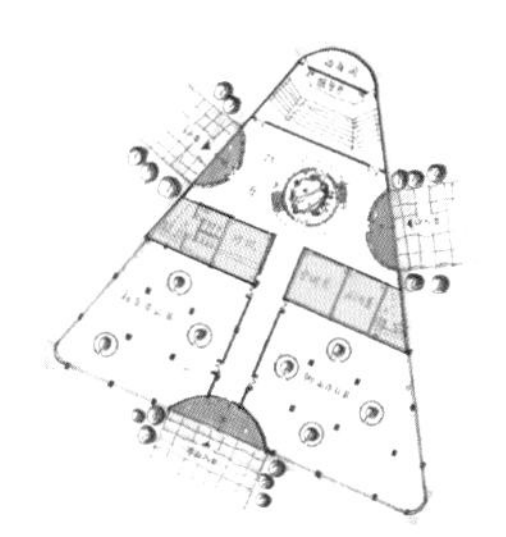

辅助空间打包为条状置于空间内部，成为划分空间的元素。

分析图

13.5 扇子博物馆设计

扇子博物馆位于浙江省湖州市德清县，距离莫干山风景区约 20 公里，距离裸心谷约 12 公里。因而在设计中需要考虑建筑与不规则场地以及场地周边环境的关系。基地内存在坡地高差，也需注意场地流线要适应地形高差。就该方案的场地形态与建筑布局来看，功能布置合理、形体处理出色，下面将从以下几个方面对方案进行评析。

1. 建筑呼应场地

作者通过地下与地上建筑空间及城市空间之间的紧密结合，呼应了场地内存在的高差问题，在不规则地形中的建筑形体处理较为成熟。地下展厅适应地形的变化做成梯段式展厅的造型方式，一层建筑体量消解最大化的保护地景，二层平台的营造呼应了竹林景观，三层与二层的 L 形体量反向交错形成了中空的庭院，屋顶平台从另一侧对应了竹林景致。

2. 架空设计

建筑形体部分架空，基底错位悬空营造出丰富的灰空间，各层功能空间处理的合理得当，较好的呼应了地形高差。形体以连续坡顶暗喻折扇形式，服务与被服务空间分门别类进行布置，建筑内部功能被富含序列感的外形统一为一体。

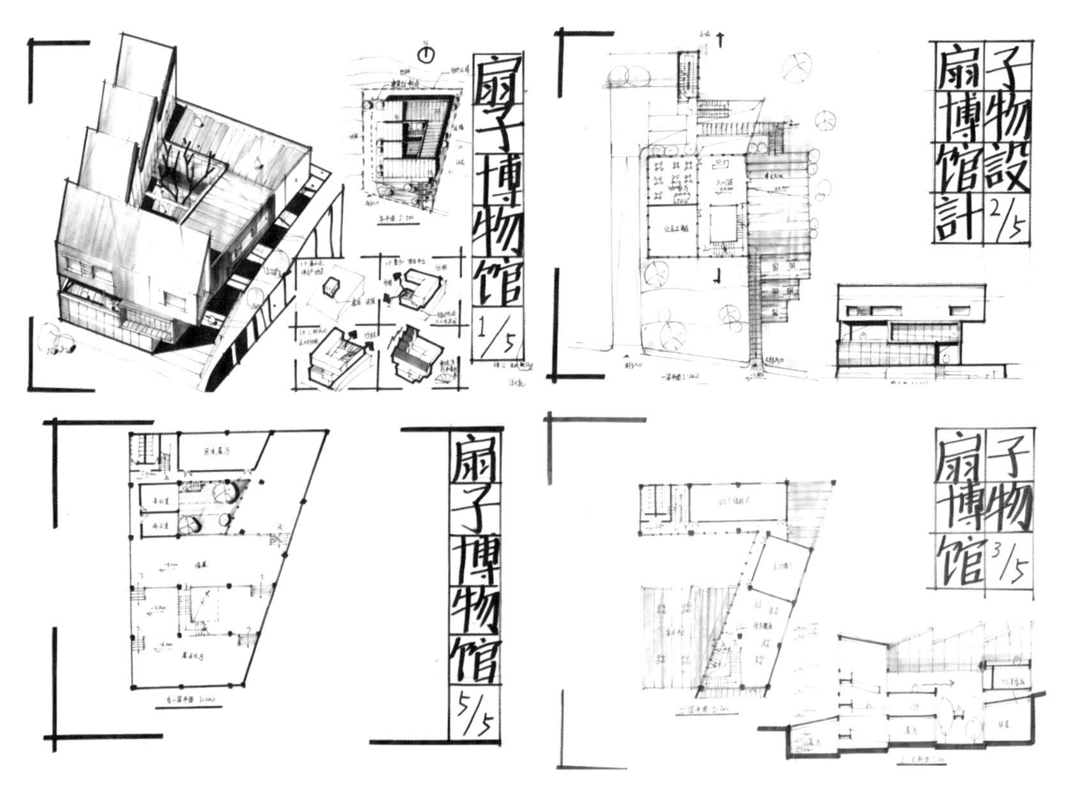

作品表现 / 设计者：徐文凯

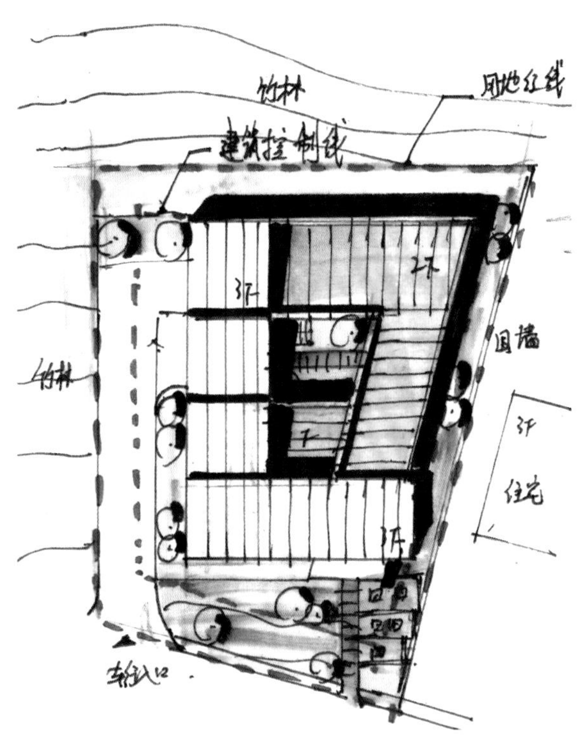

总平面图

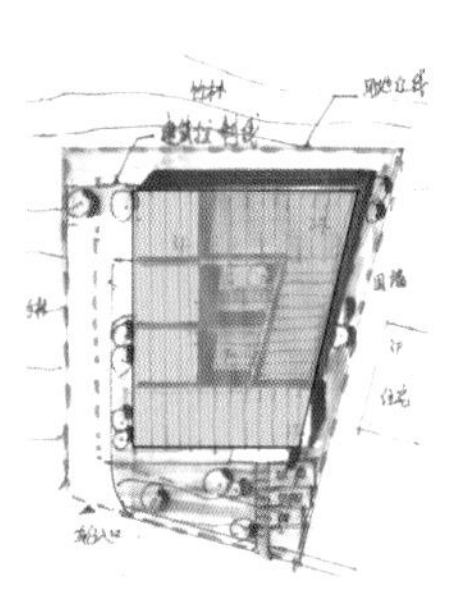

对场地边界进行偏移复制形成与场地相似的建筑轮廓。

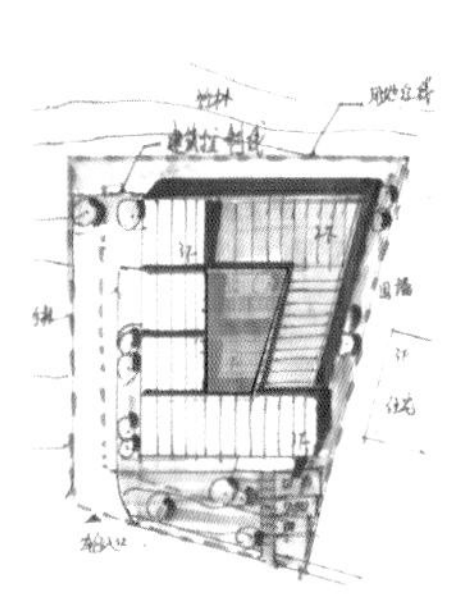

内庭院的置入丰富了室外环境的层次，也保证了建筑各个空间的采光质量。

分析图

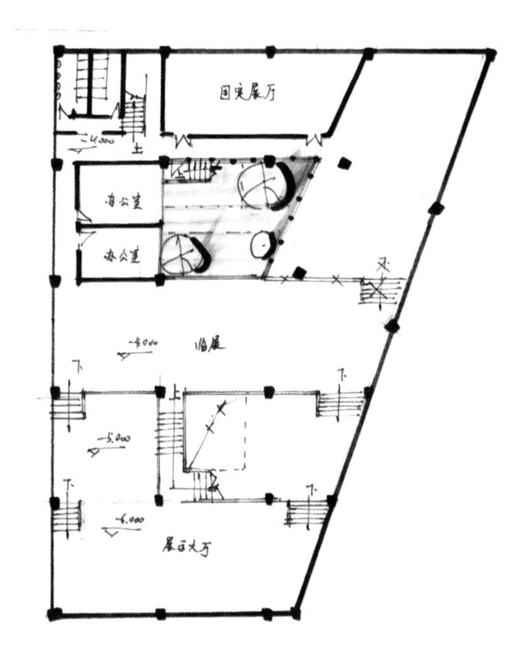

地下一层平面图

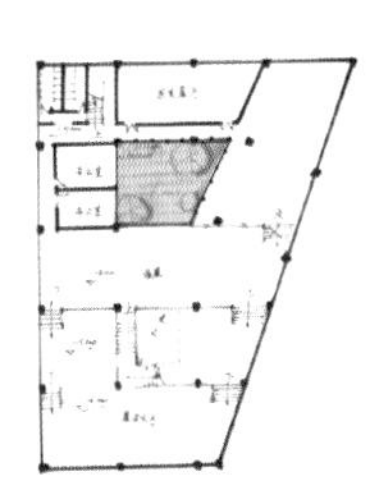

利用庭院为地下的办公空间进行采光。

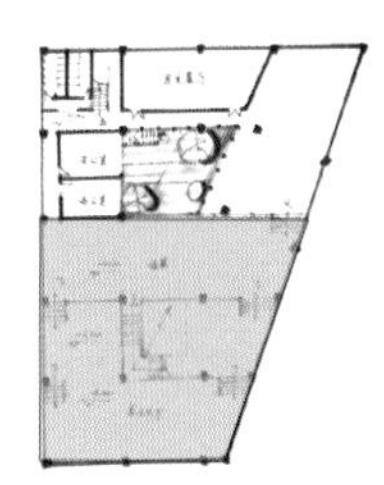

展厅结合地形逐级下沉，呼应地形的同时又增添了空间的趣味性。

分析图

13.6 山地商业会所设计

此中小型商业会所位于南北向长条形地块上，用地的正南向为城市中心方向，拥有良好的景观，所以需思考建筑形态与场地之间的关系。由于地形存在较大高差，因此也要考虑建筑与场地布局关系，需满足建筑采光要求。就该方案的场地形态与建筑布局来看，方案形式明确，条理清晰，下面将从以下几个方面对方案进行评析。

1. 台地处理

用地地形的高程自南向北逐步提高，从最低处的 0.00m 到最高处的 6.00m，通过建筑内部设置台阶与建筑外部连续的通道结合的方式，连接南北向相差 6m 的城市道路。在竖向处理上采用错层、空间连廊、灰空间营造等手法，增强了空间丰富度，做到了对景观朝向的回应。

2. 分散式布局

设计者采用分散式的建筑布局，通过横向条状布局应对狭长形场地，多个体量叠加组合的建筑体量有效地回应了高差地形。在纵向分散布局的同时进行了建筑体量的整合，增加了建筑南向采光面，有效解决了狭长地块内的采光问题。

3. 庭院结合地形

建筑与原有自然地形紧密结合，利用连廊围合下的院落式布局丰富了庭院与地形之间的关系。建筑室外平台提供了活动场地，增强了与城市的视线关系，在增加了采光的同时也加强了空间的趣味性。

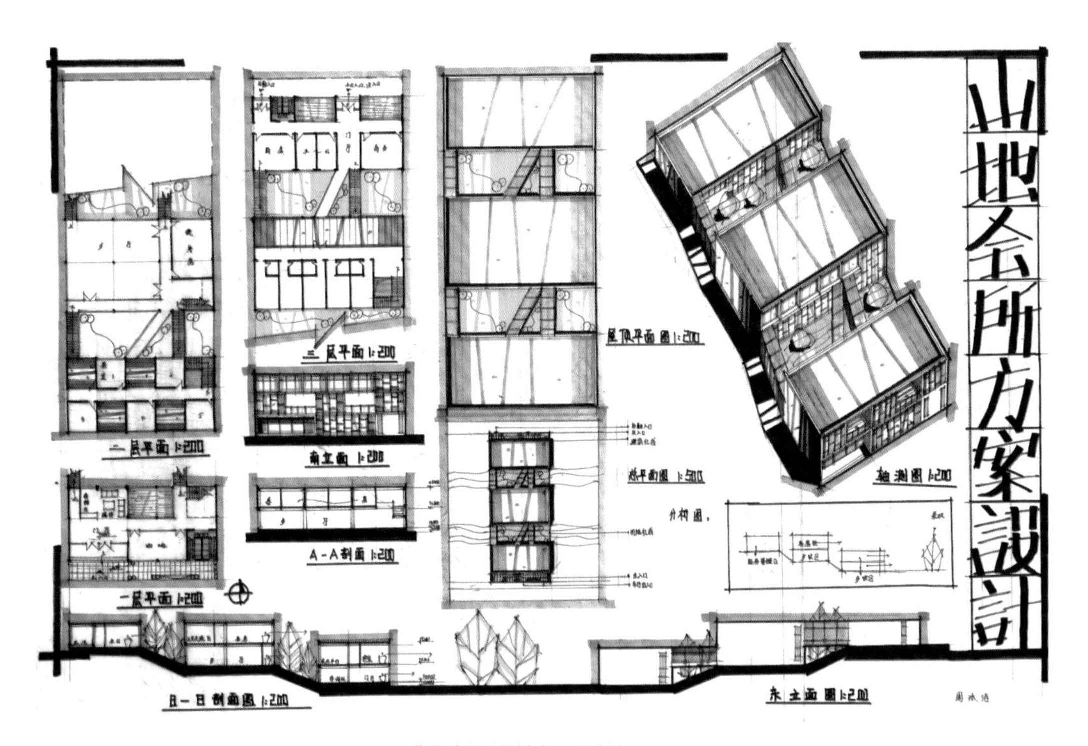

作品表现 / 设计者：周冰洁

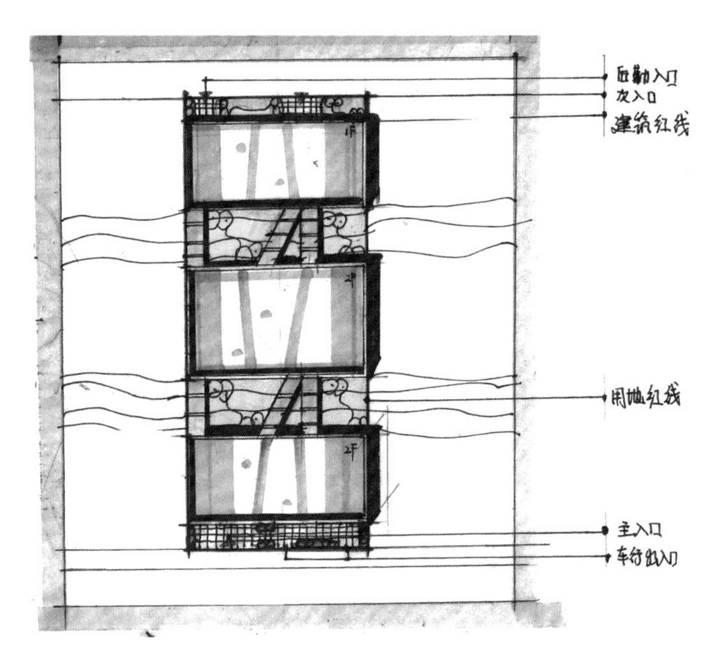

总平面图

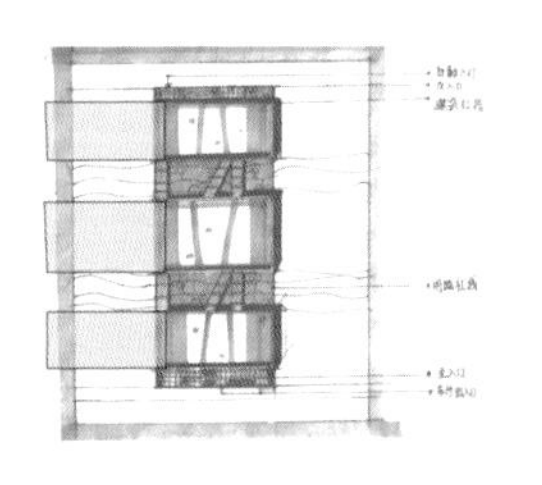

建筑体量分解为三个相似体，沿等高线呈分散化布局，从而减少室内空间的高差处理。

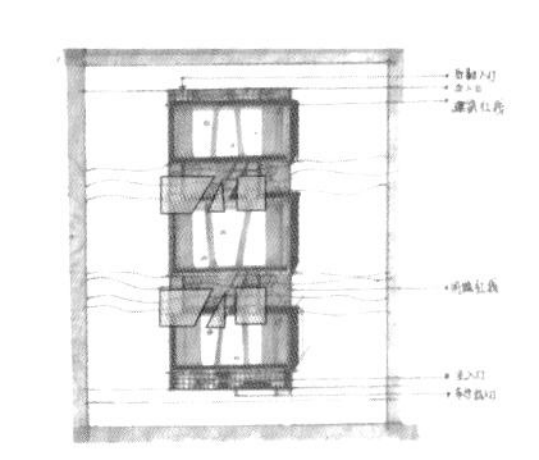

由于基地呈现出狭长状，体块之间的空间成为了采光庭院。

分析图

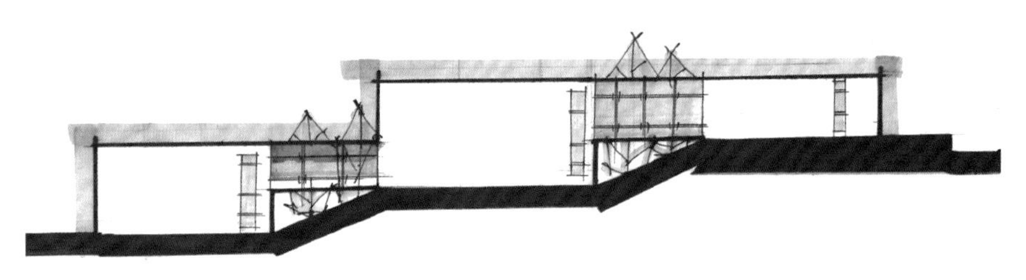

立面图

山地的台地化处理可以获得更多平坦的地形，便于建筑功能的排布。

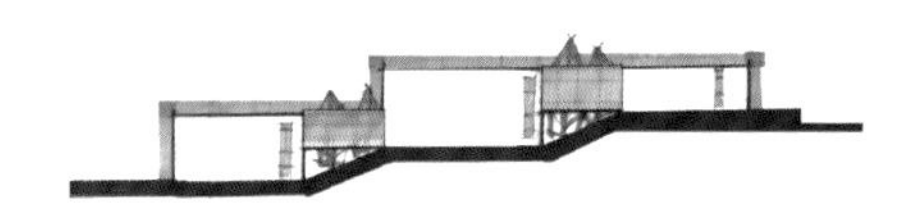

体块之间的高差通过连廊消解。同时连廊作为玻璃虚体与建筑实体形成了虚实对比。

分析图